东北亚海洋经济发展
与合作研究

刘大海　邢文秀　著

科 学 出 版 社

北 京

内 容 简 介

顺应新时代海洋强国建设需求,结合当今国际形势复杂变化,本书系统论述中国、日本、朝鲜、韩国和俄罗斯等东北亚海洋国家的海洋管理体系与主要产业发展现状、政策趋势与发展动向,并结合中国国情和社会经济发展情况,研提中国可采取的应对与合作策略。全书力图展现当前东北亚区域海洋经济的前沿方向,为推动东北亚海洋经济发展与合作做出贡献。

本书可供海洋经济学、海洋管理学、社会学等相关专业的科研人员和高等院校师生阅读与参考,也适合海洋管理者与关心我国海洋发展的读者阅读,是科技工作者、海洋管理者与社会公众洞悉区域海洋经济发展规律、把握相关领域前沿动态和重点方向的参考图书。

图书在版编目(CIP)数据

东北亚海洋经济发展与合作研究 / 刘大海,邢文秀著. —北京:科学出版社,2023.6

ISBN 978-7-03-073842-4

Ⅰ. ①东… Ⅱ. ①刘… ②邢… Ⅲ. ①东北亚经济圈-海洋经济-区域经济发展-研究 Ⅳ. ①P74

中国版本图书馆 CIP 数据核字(2022)第 221505 号

责任编辑:韩 鹏 崔 妍 / 责任校对:王 瑞
责任印制:吴兆东 / 封面设计:图阅盛世

科学出版社 出版
北京东黄城根北街 16 号
邮政编码:100717
http://www.sciencep.com
北京建宏印刷有限公司印刷
科学出版社发行 各地新华书店经销
*
2023 年 6 月第 一 版 开本:720×1000 1/16
2024 年 3 月第二次印刷 印张:10 1/2
字数:220000
定价:148.00 元
(如有印装质量问题,我社负责调换)

前　　言

近期以来，新冠疫情叠加俄乌冲突催化国际形势发生巨大变化，世界进入大国深度博弈时代，单边主义、孤立主义、保护主义趋势上升，世界经济深度衰退，国际贸易和投资大幅萎缩，我国未来将面对更多逆风逆水的外部环境。但逆全球化并不符合时代发展规律，难以成为长期态势。在这种复杂环境下，谁更开放，谁才能站到历史正确的一边。改革开放40多年的实践启示我们：开放带来进步，封闭必然落后，改革开放是决定当代中国命运、决定实现"两个一百年"奋斗目标和中华民族伟大复兴的关键，必须坚定不移高举改革开放旗帜不动摇。2020年以来，面对国内外环境显著变化，习近平总书记多次强调，要加快构建以国内大循环为主体、国内国际双循环相互促进的新发展格局。这是党中央推动我国开放型经济向更高层次发展的重大战略部署。这种更高层次的对外开放是适应不同国家、地区市场变化的开放，是更具有韧性且能引领共建人类命运共同体的开放。

当前，在多种因素的推动下，亚太地区已成为世界经济增长的最大动力源，同时也成为美、中、俄等大国战略博弈的核心区。而在亚太地区，局势更为紧张、大国关系更加敏感和复杂的东北亚对于维持世界和平，促进全球经济稳定发展有着至关重要的作用。诚然，历史遗留问题、海洋利益争端、意识形态分歧、国民感情对立以及美国战略拉拢等因素对区域国家间相互关系与合作带来诸多干扰与阻碍，但坚持不懈地推动东北亚区域朝着平等互信、包容互鉴、全面合作、互利共赢的方向前进依然是各方的共同期盼。

海洋是连接世界各国的蓝色桥梁，更是经济发展的关键驱动力。东北亚区域海陆相连，海洋资源丰富，开展可持续的海洋经济合作符合各国共同利益关切点，有利于共同增进海洋福祉，共享蓝色空间，是"以经促政"促进东北亚稳定与发展的有效手段。当前，我国正处于向新时代海洋强国推进的关键时期，日、韩、朝、俄等东北亚海洋国家也制定和调整其各自海洋战略与政策。我们在了解和发展自己的过程中，也需要正确认识我国周边国家海洋形势，妥善处理我国海洋强国目标与东北亚海洋国家海洋经济发展的关系。正是基于这样一种思想指引，通过大量的国内外文献资料和数据分析，我们研究探讨了东北亚海洋经济发展态势及中国的合作与应对策略，力图展现东北亚国别海洋经济发展的整体轮廓，增进管理部门和社会公众对当前东北亚海洋经济的认识与了解，并期望能为我国制定相关海洋政策、寻求东北亚区域海洋合作带来一些裨益。

　　全书第一章论述了我国改革开放后的海洋经济政策演变历程以及海洋经济发展整体情况，分析了未来我国海洋经济发展面临的内外部环境变化，并进一步阐述了东北亚海洋合作的重要性，明确了本书的编写背景与应用价值；第二章至第五章，从国别角度，按照管理体制—主要产业发展现状—整体发展动向—合作策略的基本架构，分别阐述了日本、韩国、朝鲜和俄罗斯的海洋经济发展现状与前沿动态，并研提中国的应对与合作策略。需要指出的是，本书现阶段仅侧重国别海洋经济分析与双边海洋合作探讨，但东北亚海洋经济合作研究不能局限在双边关系，需要更深一步探索多元多边合作关系与机制，以消除有关地缘战略疑虑，营造更加友善的合作环境，这也是我们下一步需要努力和攻关的方向。

　　感谢中国海洋大学经济学院许娟、薛煜坤、魏天娇、赵欣雨几位学生的辛苦付出，她们为本书国内外资料检索与数据收集处理提供了有力帮助；感谢山东社会科学院孙吉亭研究员、中国海洋大学经济学院李剑教授为本书的修改完善提出的宝贵建议；感谢科学出版社同仁为本书编辑出版付出的辛勤劳动，才使其最终有机会呈现在各位读者面前。

　　居诸不息，寒暑推移。东北亚海洋经济涉及内容庞大，覆盖知识浩瀚如海，且国际形势瞬息万变，而作者学识水平和精力有限，书中不足之处敬请读者批评指正，涉及的时效性问题望读者海涵。

刘大海　邢文秀

2022 年 7 月 1 日于青岛

目　　录

第一章　中国海洋经济发展与推进东北亚合作

自实施改革开放政策以来，中国一直把海洋经济作为发展重点之一。随着海洋立法与管理工作不断深入，我国逐步建立起系统化的海洋政策体系，促进了中国海洋经济较快发展，海洋产业结构日趋完善，并逐渐向高级化与合理化方向转变，海洋经济成长为国民经济新的增长点。"十四五"及未来一段时期，中国海洋强国建设进入关键期，海洋发展的外部环境和内部条件都发生着复杂深刻的变化，世界上诸多海洋国家正抓紧调整各自海洋发展战略，推动变革创新，转变发展方式，开拓新的发展空间。海洋经济作为外向型经济，其发展易受外部环境的影响，妥善处理我国海洋强国目标与东北亚国家海洋战略环境关系，是我国海洋强国建设行稳致远的必由之路。

第一节　中国海洋经济政策的演变

20 世纪 50 年代左右，由于海洋意识匮乏且国家经济发展重心聚焦于内陆地区，中国未对海洋经济发展予以足够重视。国家海洋政策导向侧重海防，同时，逐步开始进行海洋资源开发与利用、与周边国家建立海运协定、建立与海洋相关的管理机构等部署。改革开放后，中国海洋政策由早期的以海防建设为重点逐步过渡到服务于国民经济和社会发展，海洋经济政策得以不断丰富与调整。以主要法律法规、政策规划或指导方针的制定为节点，可以将改革开放后中国海洋经济政策演进依次划分为改革起步阶段、快速发展阶段和优化调整阶段（Li et al.，2021）。

一、改革起步阶段（1979～2002 年）

1978 年 12 月，党的十一届三中全会做出实行改革开放的伟大决策，国家开始把工作中心转移到经济建设上。沿海地区作为中国对外开放前沿，海洋产业发展率先得到了政策鼓励，进而初步建立了海洋经济管理的政策框架。

20 世纪 70 年代末～80 年代，国家以"放宽（政策）、搞活（经济）"为政策导向，旨在盘活海洋资源，鼓励国际合作，搞活海洋产业。国家把海洋渔业、海洋交通运输业和海洋油气业放在优先发展位置，加大政策扶持力度。1979 年，国务院颁布《中华人民共和国水产资源繁殖保护条例》，从保护对象和采捕原则、禁渔区和禁渔期、渔具和渔法、水域环境的维护等方面提出要求，为保护水产资源提供了法律依据。为发展养殖生产，国家财政拿出专项资金扶持建设海淡水商品鱼、虾基地。1985 年，中共中央、国务院出台《关于放宽政策、加速发展水产业的指示》文件，这是新中国成立以来国务院颁布的第一个关于水产工作的全面性指示文件，为中国渔业经济发展创造了良好的体制环境和激励机制，极大地调动了广大渔民的生产经营积极性。文件明确提出中国渔业发展实行以养殖为主，养殖、捕捞、加工并举的方针。在政策上，明确了养殖业承包大户及捕捞业以船为基本核算单位的合法性，规定水产品价格全部放开，实行市场调节；规定产供销、渔工商、内外贸可以综合经营；肯定了发展远洋渔业等。此后，中国养殖产量快速增长，很快丰富了市场供应。1986 年，《中华人民共和国渔业法》的颁布实施，确定了中国渔业以养殖为主的生产方针和管理原则，体现了"以法兴渔，以法治渔"精神。从 1988 年开始，中国渔业实现了"以养为主"的历史性转变，中国成为世界主要渔业国家中唯一养殖产量超过捕捞产量的国家。同时，政府放开交通运输市场管制，率先实现港口和海运业对外开放。1980 年，交通部开放长江港口，增加沿海开放港口数量；1984 年，国务院确定全国 14 个沿海港口城市为沿海对外开放城市，将港口管理权限下放港口所在城市，实行"双重领导，地方为主"的管理体制，调动地方政府发展港口的积极性。为加强海上交通管理，中国政府于 1983 年和 1987 年先后发布《中华人民共和国海上交通安全法》《中华人民共和国航道管理条例》，保障了海洋交通运输业快速发展。另外，1979 年，中国与13 个国家的 48 家石油公司签订石油勘探协议，1982 年和 1983 年相继出台《中华人民共和国对外合作开采海洋石油资源条例》《中华人民共和国海洋石油勘探开发环境保护管理条例》，为中国海洋石油业开展对外合作与快速发展奠定了制度基础。

进入 20 世纪 90 年代，中国海洋产业不断发展，形成了以海洋渔业、海洋交通运输业、海洋油气业、海盐和盐化工业、滨海旅游业、滨海砂矿开采业、海洋服务业为主的海洋产业体系。为解决海洋产业发展总体规模较小、技术装备落后、产业间结构不平衡、海洋产值的 80%以上来自渔业和交通运输业以及海洋油气资源开发、滨海旅游、海洋服务等海洋第三产业和新兴海洋产业亟待发展等问题，中国政府相继颁布《九十年代我国海洋政策和工作纲要》《全国海洋开发规划》《中国海洋 21 世纪议程》《"九五"和 2010 年全国科技兴海实施纲要》等政策文件，要求坚持以发展海洋经济为中心，改善和优化海洋产业结构，科学、合理地进行产业布局，推行以海洋产业技术进步为目标的"科技兴海"计划，推动海洋产业可持续发展。重点发展海洋交通运输业、海洋渔业、海洋油气业、滨海旅游业，积极发展海水直接利用、海洋药物、海洋保健品、海盐及盐化工业、海洋服务业等，扩大海洋产业门类，争取尽快建立起科学合理的海洋开发体系。90 年代后期，为应对近海渔业资源衰退问题，有序指导渔业产业结构调整，1999 年农业部下发《关于调整渔业产业结构的指导意见》，开始实施海洋捕捞产量"零增长"

计划，适应渔业发展规律，主动控制、压减海洋捕捞规模，有效推动了海洋渔业产业结构调整和增长方式转变。

21世纪初，中国颁布实施《全国海洋功能区划》《中华人民共和国海域使用管理法》，为海洋资源开发与利用确立了空间和区域层面的指导参考，为促进海洋综合管理、规范海洋经济发展提供了必要的法律手段。同年，党的十六大提出了"实施海洋开发"的任务和要求，进一步推动和加快了海洋开发进程。

经过起步阶段的准备和建设，中国海洋经济呈现出蓬勃发展的活力。1979年中国海洋产业的直接产值仅为64亿元（没有增加值统计），到2002年达到9050.29亿元，2002年比1979年增长了140多倍（图1.1）。

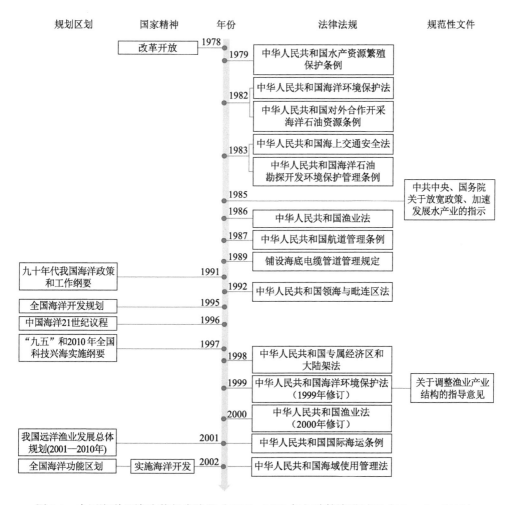

图1.1　中国海洋经济改革起步阶段（1978～2002年）政策演进过程（Li et al.，2021）

二、快速发展阶段（2003～2011 年）

2003 年 5 月，国务院颁布实施《全国海洋经济发展规划纲要》，这是中国制定的第一个指导全国海洋经济发展的纲领性文件，以此为标志，中国海洋经济进入快速发展阶段。国家在制度建设上也为海洋产业的快速发展提供了有力保障，旨在推进海洋经济发展朝又好又快的方向转变。

这一阶段整体指导思想是深入贯彻落实以人为本、全面协调可持续的科学发展观，切实落实"实施海洋开发"和"发展海洋产业"的战略部署，坚持发展速度和效益相统一，坚持经济发展与资源、环境保护并举，坚持科技兴海，坚持深化改革开放，壮大海洋经济规模，优化海洋产业布局，加快经济增长方式转变，努力实现海洋经济又好又快发展，提升海洋经济在国民经济中的比重和地位。主要实现以下领域目标：优化海洋产业结构和布局。扩大并提高海洋渔业、海洋交通运输业、海洋油气业、滨海旅游业和海洋船舶工业等支柱产业的规模、质量和效益，积极培育战略性新兴海洋产业。推进山东、浙江、广东等海洋经济发展试点，建设各具特色的海洋经济区域；提升海洋科技进步对海洋经济发展的贡献率。推进科技兴海，提升海洋自主创新能力，初步形成国家海洋科技创新体系；海洋综合管理体系继续完善，以生态系统为基础的海洋区域管理模式和海洋管理协调机制初步形成，各类开发活动得到有效规范，资源利用效率显著提高，近岸海域污染恶化和生态破坏趋势得到基本遏制。

为实现上述目标，这一阶段国家建立和完善涉海法律法规及管理体系，理顺海洋管理体制，加强行业改革，加大海洋经济发展的技术支持力度和投融资力度，推动和保障海洋经济发展。

一是完善法律法规体系，理顺海洋管理体制。出台《中华人民共和国港口法》《中华人民共和国海岛保护法》《防治海洋工程建设项目污染损害海洋环境管理条例》，制定和组织实施海域权属管理制度、海域有偿使用制度、海洋功能区划制度，将围填海总量控制作为重要手段，纳入国家年度指令性计划管理。2006 年出台《关于加强区域建设用海管理工作的若干意见》，要求地方根据用海实际需要，编制区域建设用海总体规划，为海洋经济和区域经济发展提供了充足的空间资源。加强各级海洋行政管理机构建设，明确中央和地方、各有关部门在海洋管理中的工作职责，建立适应海洋经济发展要求的行政协调机制，维护海洋经济领域的市场秩序，改革和完善行政审批制度，为国内外企业进入海洋经济领域创造良好的投资环境。

二是加强行业改革，完善行业管理。国家实施水产良种补贴制度和水域滩涂养殖证制度，稳定养殖承包经营权，制定渔业水域滩涂征用或占用补偿办法，保护渔民合法权益，充分调动经营主体投入的积极性，加快发展养殖业。继续实施海洋捕捞渔民转产转业补贴政策，创新捕捞许可管理制度，切实控制捕捞强度。

努力拓展增殖渔业和休闲渔业等新兴产业，着力构建水产养殖业、增殖渔业、捕捞业、加工业和休闲渔业等五大产业体系，推动传统渔业向现代渔业转变。2006年，国家发布实施《全国沿海港口布局规划》，优化沿海港口布局，拓展港口功能，进一步合理利用和保护港口岸线资源。2008年之前，中国海洋船舶工业突出主业、多元经营、军民结合，实现产能扩张和快速发展。但2008年全球金融危机的爆发对中国造船业产生巨大压力和冲击，为应对危机，2009年国务院出台《船舶工业调整和振兴规划》，按照保增长、扩内需、调结构的总体要求，采取积极的信贷措施，稳定造船订单；淘汰落后老旧船舶，扩大船舶市场需求；加快自主创新，开发高技术高附加值船舶；控制新增造船能力，出台鼓励企业兼并重组的政策措施，推进产业结构调整，确保船舶工业平稳较快发展。在拓展滨海旅游项目，加强旅游基础设施建设的同时，国家2009年出台《关于加快发展旅游业的意见》，放宽旅游市场准入，推进国有旅游企业改组改制，支持民营和中小旅游企业发展，支持各地开展旅游综合改革和专项改革试点，把旅游业培育成国民经济的支柱产业。该阶段，中国初步建立海水利用政策支持体系、技术服务体系和监督管理体系，建立海水综合利用示范基地和建设一批大规模海水利用的沿海示范城市，优化沿海地区用水结构，大幅提高海水利用规模和水平。

三是深化海洋科技体制改革，实施海洋人才战略。推进社会公益类科研机构改革、建立海洋科技资源共享机制、形成国家海洋数据共享平台、加强知识产权的保护和管理，提高各类海洋科技资源使用效率，增强科研机构的创新动力和能力。加强海洋基础性、前瞻性、关键性技术研发，重点鼓励和支持海洋技术创新和自主知识产权产品开发，加大政府采购对海洋自主创新的支持力度。鼓励发展海洋科技中介服务，创建区域性海洋科技服务中心，推进海洋新产品开发和新技术推广。实施海洋人才战略，推动海洋教育全面发展、产学研培养创新型海洋人才、加强高层次人才引进、完善海洋人才发展服务，不断提高海洋人才对海洋事业发展的贡献。

四是加大财税政策支持力度，强化金融扶持。通过政府财政资金的合理配置和引导，建立多渠道、多元化的融资渠道，加大对科技创新体系建设、海洋基础设施建设和海水利用、现代渔业等海洋产业的投入。鼓励沿海省市设立"科技兴海专项资金"，引导企业自主创新。加快水价改革，形成合理的水价机制，激励海水利用业发展。探索建立渔民最低生活保障机制，将渔业保险纳入国家政策性农业保险范围，鼓励扶持渔业专业合作组织，探索养殖权和捕捞权证抵押质押及流转方式，调动社会投入渔业的积极性。提前实施纳入国家规划的政府公务性、公益性船舶建造，采取资本金注入、融资信贷等方式支持大型船舶企业集团实施兼并重组。

在国家政策的引导与支持下，我国海洋经济在该阶段快速发展。2003年，全国海洋生产总值达11952.3亿元，2011年增长到45580.4亿元，增加了约281%，年均增长速度达 18.2%，超过国家整体经济增长速度。2011 年海洋生产总值占 GDP 比重达到了 9.34%。传统海洋产业加快转型升级，海洋新兴产业也实现了快速发展，海洋服务业增长势头明显，海洋经济已经成为拉动国民经济发展的有力引擎（图 1.2）。

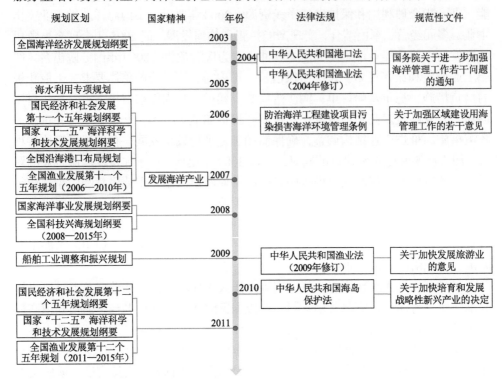

图 1.2 中国海洋经济快速发展阶段（2003～2011 年）政策演进过程（Li et al.，2021）

三、优化调整阶段（2012 年至今）

2012 年，党的十八大作出"建设海洋强国""大力推进生态文明建设"的战略部署，标志着中国海洋经济发展进入"转方式、调结构"的新阶段。该阶段中国政府高度重视海洋开发与保护。在海洋强国战略和习近平生态文明思想指引下，海洋经济发展逐步由注重产量增长转向更加注重质量效益，由注重资源利用转向更加注重生态环境保护，由注重物质投入转向更加注重科技进步。

该阶段，海洋开发以创新、协调、绿色、开放、共享的新发展理念为引领，以深化供给侧结构性改革为主线，以改革创新为根本动力，加快转变经济发展方式，提升海洋产业结构和层次；深入实施创新驱动发展战略，增强海洋科技自主创新能力；推进海洋生态文明建设，统筹陆海国土空间开发与保护；积极参与经济全球化，加快提升海洋经济对外开放水平。全面提升中国海洋经济可持续发展能力和国际竞争能力，走"依海富国、以海强国、人海和谐、合作共赢"的发展道路，加快建设海洋强国。

主要实现以下目标：海洋产业结构和布局更趋合理。加快海洋渔业、海洋油气业、海洋船舶工业、海洋交通运输业、海洋盐业和盐化工等传统海洋产业改造升级；以重大技术突破为支撑，集中优势资源，培育壮大海洋装备制造业、海洋药物和生物制品业、海水利用业、海洋可再生能源业等海洋新兴产业；拓展提升海洋旅游业、航运服务业、海洋文化产业、涉海金融服务业、海洋公共服务业等海洋服务业规模和水平。促进海洋产业集群化发展，以海洋经济发展示范区为引领，培育壮大一批优势海洋产业集群和特色产业链，基本形成布局合理的海洋经济开发格局。海洋科技创新支撑能力进一步增强。形成有利于创新驱动发展的科技兴海长效机制，实现人才、资本、技术、知识自由流动，企业、科研院所、高等学校协同创新，重点在深水、绿色、安全的海洋高技术领域取得突破，全面提升海洋科技进步对海洋经济增长贡献率、海洋科技成果转化率和海洋高端装备自给率，为海洋强国建设和中国进入创新型国家行列奠定坚实基础。海洋生态文明建设取得显著成效。深入实施以海洋生态系统为基础的综合管理，海洋生态文明制度体系基本完善、海洋环境质量稳中向好、海洋经济绿色发展水平有效提升、海洋环境监测和风险防范处置能力显著提升，加快建立健全绿色低碳循环发展的现代化经济体系。建立全方位开放的发展模式。树立海洋经济全球观，紧密围绕"21世纪海上丝绸之路"建设，充分利用国内、国际两个市场和资源，打造国际国内海洋经济支点，制定海洋经济对外投资服务保障措施，加强海洋产业投资贸易和海洋科技文化交流与合作，在更大范围、更宽领域、更高层次上开展全方位开放合作。

为落实指导思想，推进各项目标实现，在市场经济规律主导下，这一阶段中国政府通过出台多领域多方面调控和管理政策，促进海洋经济转型发展。

（1）加快政府职能转变，深化行业改革。出台《国务院关于促进海洋渔业持续健康发展的若干意见》《农业部关于加快推进渔业转方式调结构的指导意见》《国家级海洋牧场示范区建设规划（2017—2025年）》《农业农村部关于促进"十四五"远洋渔业高质量发展的意见》等多份文件，实行近海捕捞产量负增长政策，严格执行海洋伏季休渔制度和捕捞业准入制度，实行海洋渔业资源总量管理制度，调整和改革渔业补贴政策，切实促进捕捞渔民减船转产（转产转业）。合理控制近海养殖规模，压减近海过密网箱养殖，减少养殖污染。转变养殖业发展方式，积极拓展深水大网箱等海洋离岸养殖，支持工厂化循环水养殖，推广应用健康养殖标准和模式，不断优化养殖品种结构和区域布局。加大渔业资源增殖放流力度，以国家级海洋牧场示范区创建为抓手，推进海洋牧场建设。完善远洋渔业管理制度，提高远洋渔业设施装备水平，推进远洋渔业海外基地建设，积极稳妥发展远洋渔业。推进产业链延伸和全产业链聚集，支持发展水产品加工流通、增殖渔业和休闲渔业。强化渔业发展支撑体系建设，实行渔业综合治理的同时强化渔业科技和人才的培养。出台《国务院关于化解产能严重过剩矛盾的指导意见》，加快海洋船舶工业产能调整，完善提升船舶行业准入条件，推进企业兼并重组与转型转产，通过市场供需，淘汰落后产能。多次修订《中华人民共和国港口法》和《中华人民共和国海上交通安全法》，完善行业技术政策和标准规范，出台《交通强国建设纲要》，要求建立健全适应综合交通一体化发展的体制机制，鼓励区域港口联盟建设，增强港口群协同发展能力。出台《关于促进海运业健康发展的若干意见》《"十四五"现代综合交通运输体系发展规划》，加快海运企业兼并重组，促进规模化、专业化经营。深化国有海运企业改革，积极发展国有资本、民营资本等交叉持股、融合发展的混合所有制海运企业。引导和鼓励符合条件的民营企业从事海运业务。推进口岸通行便利化，积极发展各类所有制航运服务企业，在自由贸易试验区稳步推进外商独资船舶管理公司、控股合资海运公司等试点。有序推进沿海港口专业化码头及进出港航道等公共设施建设，努力打造世界一流的海洋港口。出台《国务院关于促进旅游业改革发展的若干意见》《"十四五"旅游业发展规划》，打破行业、地区壁垒，推动旅游市场向社会资本全面开放。完善邮轮游艇旅游，在有序推进邮轮旅游基础设施建设的基础上，推进上海、天津、深圳、青岛、大连、厦门、福州等地邮轮旅游发展，促进海洋旅游发展。规范建设一批海洋特色文化产业平台，支持海洋特色文化企业和重点项目发展。此外，该阶段，中国还科学规划原盐生产布局，加快盐田改造，加强系列产品开发和精深加工。稳步推进海洋油气勘探开发，推进石化产业结构调整和优化升级，建设安全、绿色的石化基地。通过示范工程和示范基地的形式，创新体制机制，加大支持力度，推进海洋装备制造业、海洋药物和生物制品业、海水利用业、海洋可再生能源业等新兴产业发展。

（2）深入实施创新驱动发展战略。实行严格的知识产权保护制度，形成要素价格倒逼创新机制，改革国家科技奖励制度，再造国家科技计划管理体系，建立突出创新导向、符合市场规律的科技成果评价制度，营造激励创新的公平竞争环境。扩大企业在国家创新决策中的话语权、完善企业为主体的产业技术创新机制。完善成果转化激励政策，加快下放科技成果使用、处置和收益权，提高科研人员成果转化收益比例。加大科研人员股权激励力度，研究制定海洋科技工作者离岗创业管理办法。加强人才队伍建设，制定海洋战略性新兴产业紧缺人才目录，完善高端创新人才和产业技能人才培养体系，制定创新创业人才激励和吸引政策，加大高层次人才引进力度。同时，高度重视"智慧海洋"建设，推动海洋新型基础设施和国家海洋大数据共享应用平台建设，发展智慧渔业、智慧港口、智能航运、智慧旅游等，促进海洋产业数字化转型。

（3）强化环保硬约束监督管理。党的十八大以来，中国高度重视海洋生态文明建设，三次修订《中华人民共和国海洋环境保护法》。建立并实施海洋主体功能区制度、重点海域排污总量控制制度、海洋生态红线制度、自然岸线保有率控制制度、生态环境损害赔偿制度、海洋督察制度，出台《国务院关于加强滨海湿地保护严格管控围填海的通知》，实施最严格的围填海开发管控制度，除国家重大战略项目外，全面停止新增围填海项目审批。健全自然资源资产产权制度和用途管制制度，健全领导干部自然资源资产和环境责任离任审计与责任追究制度，加快建立系统完整的生态文明制度体系，引导、规范和约束各类开发、利用、保护自然资源的行为，加快淘汰过剩产能，用制度保护生态环境，将中国的海洋生态文明建设和海洋强国建设推到了前所未有的历史高度。

（4）加大财税政策支持力度、落实有保有控的金融政策。中央和地方财政资金加大对海洋经济试点的支持力度，加大对海洋战略性新兴产业的投入力度。建立符合国际规则的政府采购制度，利用首台（套）订购、普惠性财税和保险等政策手段，降低企业创新成本，扩大创新产品和服务的市场空间。鼓励多元投资主体进入海洋产业，加快构建多层次、广覆盖、可持续的海洋经济金融服务体系。发挥政策性金融在支持海洋经济中的示范引领作用。鼓励各类金融机构发展海洋经济金融业务，加强对海洋经济重点领域、重点区域海洋经济发展的支持力度。鼓励金融机构创新海洋经济发展金融服务方式，探索发展以海域使用权、海产品仓单等为抵（质）押担保的涉海融资产品。引进培育并规范发展若干涉海融资担保机构，加快发展航运保险业务，探索开展海洋环境责任险。壮大船舶、海洋工程装备融资租赁，探索发展海洋高端装备制造、海洋新能源、海洋节能环保等新兴融资租赁市场，构建试点海洋经济特色金融机构。

（5）开创全方位对外开放新格局。根据全球形势深刻变化，2013 年，习近平主席提出共建"丝绸之路经济带"和"21 世纪海上丝绸之路"（简称"一带一路"）的重大决策，为开创全方位对外开放新格局，实施海洋强国战略和发展海洋经济指明了方向。2019 年，习近平总书记在中国人民解放军海军成立 70 周年的讲话中首次提出构建"海洋命运共同体"的理念，以此推动世界各国以海上丝绸之路为载体，在海洋资源保护、海洋经济发展、海上安全保障等多方面加强对话交流，深化务实合作，走互利共赢的海洋建设之路。该阶段，中国深化双多边渔业合作，积极参与国际渔业条约、协定和标准规范的制订；稳步推进海运业对外开放，支持企业参与国际海运标准规范制定；完善国内国际区域旅游合作机制，统一国际国内旅游服务标准，推动中国同东南亚、南亚、中亚、东北亚、中东欧的区域旅游合作；与国际技术转移组织联合培养涉海的国际化技术人才。该阶段，中国还逐步开展自由贸易试验区建设，减税降费、放松外汇管制，不断进行制度创新，至 2020 年底，中国大陆自贸区数量达到了 21 个。通过"走出去"，为我国海洋产业拓宽渠道、拓展空间。通过"引进来"，为海洋传统产业转型升级、海洋新兴产业发展提供更加有力的技术人才和服务支持。

这一阶段，中国海洋经济的总体发展已经开始放缓。2012 年，全国海洋生产总值 50172.9 亿元，2019 年达到 84292.1 亿元，年均增速 7.69%，低于同期国民经济的平均增幅（9.03%）。海洋产业体系日趋完善，结构不断优化，以滨海旅游等为主导的海洋服务业支撑带动作用不断提升，以海洋生物医药、海水利用、海洋可再生能源等为引领的海洋新兴产业加快培育。海洋产业发展更加依赖科技创新，涉海领域全方位开放格局初步形成（图 1.3）。

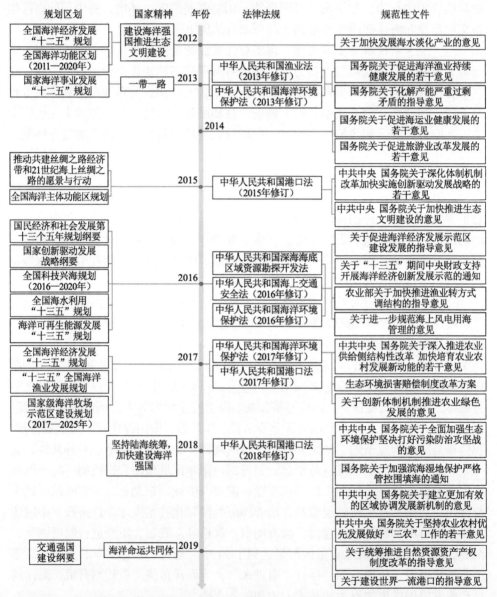

图 1.3　中国海洋经济优化调整阶段（2012 年至今）政策演进过程（Li et al.，2021）

第二节　中国海洋管理体制

一、中国海洋管理体制变迁

海洋管理体制是指海洋管理机构的设置和管理职能权限划分所形成的体系和制度。国家海洋经济发展成效在很大程度上取决于管理体制的完善与否，而管理体制是否完善又取决于能否不断改革与创新（史春林和马文婷，2019）。自新中国成立以来中国海洋管理体制可划分以下四个阶段：

（1）分散管理阶段。新中国成立以来，我国海洋事业发展明显，海洋管理也逐步引起各级政府重视。但是，受长期"重陆地、轻海域"的思想以及面对帝国主义海上封锁的现实环境，政府对海洋的管理实则心有余而力不足，因此从新中国成立至1964年国家海洋局诞生前，中国的海洋管理体制实行分散管理模式（严耀，2014）。从中央到地方，是根据海洋资源的属性及其产业开发特点，以行业部门管理为主，基本上是陆地各部门管理职能向海洋的延伸。国家和各级政府的水产主管部门负责海洋渔业的管理，交通部门负责海上交通安全管理，石油部门负责海上油气的开发管理，轻工业部门负责海盐业的管理，旅游部门负责滨海旅游的管理等。这种行业管理模式直到今天依然存在（崔旺来等，2009）。

（2）海军代管阶段。从1964～1978年，我国海洋管理工作由海军统一管理。1964年7月22日，第二届全国人民代表大会常务委员会第124次会议批准在国务院成立国家海洋局，并任命南海舰队司令员齐勇将军担任第一任局长，从此我国有了专门的海洋工作领导部门，并开启海军代管海洋事务的阶段。国家赋予国家海洋局的建局宗旨是负责统一管理海洋资源和海洋环境调查、海洋资料收集整编和海洋公益服务，目的是把分散的、临时性的协作力量转化为一支稳定的海洋管理工作力量。国家海洋局成立之后，分别在青岛、宁波、广州三地设立了北海、东海、南海分局，行使海区海洋行政管理职权。这一阶段，我国海洋管理体制仍然是局部统一管理下的海洋行业分散管理体制（崔旺来等，2009）。

（3）推进统一管理阶段。从1978～1988年，是我国政府为推进海洋事务统一管理探索的十年（严耀，2014）。我国海洋管理工作一直由国家海洋局负责，对海洋管理工作进行统一和协调。邓小平曾强调"中国要富强，必须面向世界，必须走向海洋"，由于中美建交海洋安全形势趋于缓和，对外经贸与运输活动日益增多，海洋产业蓬勃发展以及海洋生态环境问题凸显，国家开始对滞后的海洋管理体制进行改革（史春林和马文婷，2019）。1980年国家海洋局由海军代管移交国家科学技术委员会代管，并被赋予海洋行政管理的全新职能。随后，1983年的国务院机构改革确立了国家海洋局直接隶属于国务院建制，由国家科学技术委员会进行对口管理。明确其主要职责是负责管理、组织和协调全国范围内的涉海事务，组织实施海洋科研、海洋调查和海洋公益服务等方面的工作（张海柱，2015）。这一时期的国家海洋局会同地方海洋管理机构为推进海洋资源与环境管理做了大量工作，为20世纪90年代海洋经济发展热潮打下了坚实的基础。

（4）相对统一管理阶段。1988年的国务院机构改革正式赋予了国家海洋局海洋综合管理职能，开启我国海洋事业的相对统一管理时期，制定了海洋管理的综合政策和法规，开展了以海洋资源开发和环境保护为基础的卓有成效的综合管理工作，同时还建立发展了海洋产业服务和科技调查体系，有效地促进了我国海洋资源的可持续发展。进入20世纪90年代以后，随着海洋经济的迅速发展，沿海各省市海洋活动越来越多，对由中央政府单一管理海洋的体制提出了挑战。为此，1998年国务院再次进行机构改革，国家海洋局划归国土资源部管理，被确定为监督管理海域使用和海洋环境保护、依法维护海洋权益、组织海洋科技研究的行政机构，海洋资源管理职能被划归国土资源部。1999年，中国海监总队成立，与国家海洋局合署办公，主要负责海洋监察执法。紧接着，国家海洋局东海分局、南海分局、北海分局相继组建了东海区海监总队、南海区海监总队和北海区海监总队。2001年通过的《中华人民共和国海域使用管理法》明确了沿海地方及海洋主管部门的海洋行政管理权限。至此中央政府统一管理和授权沿海地方政府分级管理相结合的海洋行政管理体制形成，出现了"国家海洋局—各直属分局—各地方海洋行政管理机构"的海洋行政管理格局。2013年国务院稳步推进大部制改革，整合原国家海洋局及中国海监、农业部中国渔政、公安部边防海警、海关总署海上缉私警察的队伍和职责，重组国家海洋局并以中国海警局名义开展海上维权执法活动，国家海洋局以中国海警局名义开展海上维权执法，接受公安部业务指导，由国土资源部管理。同时，设立高层次议事协调结构国家海洋委员会，负责研究制定国家海洋发展战略，统筹协调重大事项等（崔旺来和钟海玥，2017）。

（5）陆海统筹下的相对分散管理阶段。2018年，党的十九大对深化机构和行政体制改革做出重要部署，要求统筹考虑各类机构设置，科学配置党政部门及内设机构权力、明确职责。党的十九届三中全会通过了《中共中央关于深化党和国家机构改革的决定》和《深化党和国家机构改革方案》。根据《深化党和国家机构改革方案》，树立和践行绿水青山就是金山银山的理念，统筹山水林田湖草系统治理。为统一行使全民自然资源资产所有者职责，统一行使所有国土空间用途管制和生态保护修复职责，着力解决自然资源所有者不到位、空间规划重叠等问题，将国土资源部的职责，国家发展和改革委员会的组织编制主体功能区规划职责，住房和城乡建设部的城乡规划管理职责，水利部的水资源调查和确权登记管理职责，农业部的草原资源调查和确权登记管理职责，国家林业局的森林、湿地等资源调查和确权登记管理职责，国家海洋局的职责，国家测绘地理信息局的职责整合，组建自然资源部。自然资源部对外保留国家海洋局牌子，其主要职责是，对自然资源开发利用和保护进行监管，建立空间规划体系并监督实施，履行全民所有各类自然资源资产所有者职责，统一调查和确权登记，建立自然资源有偿使用制度，负责测绘和地质勘查行业管理等。

综观改革历程可以发现，中国海洋管理体制发生了积极显著变化并呈现出鲜明的特点，即总体发展趋势是从陆海二元体制下海洋分散型向综合协调型管理方向过渡（史春林和马文婷，2019），再向海陆一体化下的分散协调型管理方向过渡。

二、中国海洋管理体制现状

当前，从海洋管理体制横向上看，中国海洋管理体制呈现出海洋综合管理与行业管理相结合，部门机构与协调机制相辅相成的特点。自然资源部成为国务院自然资源行政管理部门，即是海洋资源的行政主管部门。虽然原国家海洋局的相关职能被拆分至生态环境部等部门，自然资源部不再是综合性最强的海洋行政管理部门，但仍旧是具有较多复合性职能的综合性海洋行政管理机构。除自然资源部作为海洋资源行政主管部门外，还有其他相关部门承担相应涉海职能。如国家海洋委员会作为高层次议事协调机构，负责研究制定国家海洋发展战略，统筹协调海洋重大事项；中央外事工作委员会及其办公室负责海洋权益维护领域的组织协调和指导督促工作；生态环境部负责海洋环境保护工作；农业农村部、交通运输部、文化和旅游部分别负责海洋渔业、海洋交通运输业、海洋文化和旅游业的监督管理；外交部负责指导协调海洋对外工作；国防部组建中国人民武装警察部队海警总队，统一履行海上维权执法职责（表1.1）。

表1.1　我国主要涉海部门及涉海职能

主要涉海部门	涉海职能
国家海洋委员会	负责研究制定国家海洋发展战略，统筹协调海洋重大事项
中央外事工作委员会	组织协调和指导督促有关各方面落实党中央关于维护海洋权益的决策部署，收集汇总和分析研判涉及国家海洋权益的情报信息，协调应对紧急突发事态，组织研究维护海洋权益重大问题并提出对策建议等
国家发展和改革委员会	综合研究拟订经济和社会发展政策，进行总量平衡，指导总体经济体制改革的宏观调控
自然资源部	统一行使全民所有自然资源所有者职责；统一行使所有国土空间用途管制和生态保护修复职责
生态环境部	海洋环境保护职责，拟定并组织实施生态环境政策、规划和标准，统一负责生态环境监测和执法工作，监督管理污染防治、核与辐射安全，组织开展中央生态环境保护督察等

主要涉海部门	涉海职能
农业农村部	监督管理海洋渔业
交通运输部	负责海洋交通运输监督管理工作，其中包括负责渔船检验和监督管理工作，负责指导交通运输综合执法和队伍建设有关工作
文化和旅游部	负责海洋文化和旅游业的监督管理工作
外交部	牵头或参与拟订陆地、海洋边界相关政策，指导协调海洋对外工作，组织有关边界划界、勘界和联合检查等管理工作并处理有关涉外案件，承担海洋划界、共同开发等相关外交谈判工作
国防部	国防部组建中国人民武装警察部队海警总队，称中国海警局。统一履行海上维权执法职责

从管理体制纵向来看，中国海洋资源管理层次主要分为国家—海区—地方三级。根据《深化党和国家机构改革方案》，深化地方机构改革，省市县各级涉及党中央集中统一领导和国家法治统一、政令统一、市场统一的机构职能要基本对应。赋予省级及以下机构更多自主权，突出不同层级职责特点，允许地方根据本地区经济社会发展实际，在规定限额内因地制宜设置机构和配置职能。因此，我国地方海洋资源管理体制基本对应国家层面的管理体制。

第三节　中国海洋经济发展情况

一、中国海洋经济发展总体情况

1979 年中国海洋产业的直接产值总和仅为 64 亿元（时年未统计增加值数据）。改革开放后以激励为主的海洋经济政策促进了中国海洋经济蓬勃发展。特别是 21 世纪以来，中国海洋经济取得了长足发展。2001 年海洋生产总值为9518.4 亿元，随后不断攀升，2019 年全国海洋生产总值已达 84292.1 亿元，约为 2001 年海洋生产总值的 8.86 倍，18 年间平均增速约为 12.88%。受新冠疫情冲击和复杂国际环境的影响，2020 年全国海洋生产总值有所下降，降至 80010亿元。此后，由于中国实现对于疫情的有效控制，经济快速回暖，2021 年全国海洋生产总值首次突破 9 万亿元，达 90385 亿元。2021 年海洋第一、二、三产业增加值分别为 4519.25 亿元、30188.59 亿元和 55677.20 亿元，分别是 2001 年海洋第一、二、三产业增加值的 6.99 倍、7.27 倍和 11.80 倍，海洋三次产业规模呈现不断扩大趋势（图 1.4）。

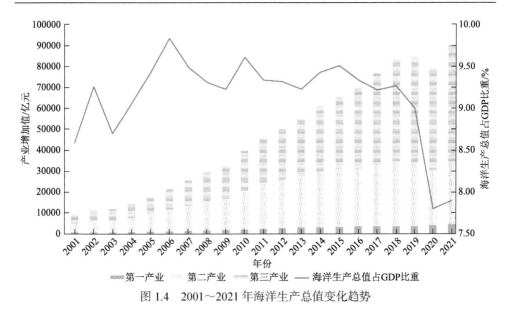

图 1.4　2001～2021 年海洋生产总值变化趋势

海洋生产总值占国内生产总值的比重由 2001 年的 8.59%波动下降至 2021 年的 7.90%。其中，2002～2011 年海洋经济快速发展阶段，传统海洋产业转型升级进程加快，海洋新兴产业发展迅速，海洋服务业增长势头明显，带动海洋经济规模快速增长，海洋生产总值占 GDP 比重整体呈现快速上升态势，2006 年达到顶峰（9.84%）。但这一阶段受 2003 年"非典"疫情和 2008～2009 年全球经济危机影响，海洋生产总值占 GDP 比重在 2003 年和 2009 年降至阶段性低点，随后逐步得以提升，2010 年海洋生产总值占 GDP 比重恢复至 9.61%。2012 年进入优化调整阶段，在"转方式、调结构"等系列政策措施影响下，中国海洋经济规模增幅总体上放缓，海洋生产总值占 GDP 比重平稳回落到 9.3%左右，并呈现缓慢下降趋势。由于海洋经济自身所具有的高度外向性特点，新冠疫情全球蔓延为我国海洋经济的发展带来较大冲击，2020 年、2021 年海洋生产总值占 GDP 比重下降至 7.8%与 7.9%，但整体呈现积极的恢复态势。

同时，海洋三次产业间的产值结构不断趋向高级化，2001～2021 年间，海洋三次产业增加值占全国海洋生产总值比重由小到大整体呈现出"一二三"的产业结构形态，仅 2006 年、2010 年、2011 年三个年度海洋第二产业占比超过海洋第三产业，短暂呈现出"一三二"产业结构形态。随着海洋三次产业结构逐渐高级化，海洋第一产业增加值占全国海洋生产总值的比重逐渐降低，2004 年之后稳定在 6%以下，2014～2021 年接近 5.00%，没有突变或大的转折点，说明海洋第一产业在全国海洋生产总值中具有基础性地位。海洋第二产业所占比重整体呈现波动式下降态势，于 2010 年达到 15 年间的最大值 47.75%，随后于 2021 年下降至最小值 33.40%，相比 2010 年下降了 14.35 个百分点。海洋第三产业所占比重则呈现波动式上升态势,2012 年后上升趋势越发明显,2021 年海洋第三产业增加值在海洋生产总值中的占比为 61.6%,为 2001 年以来的最高值,相较于 2001 年增长了 12 个百分点,成为我国海洋经济增长的最主要驱动力(图 1.5)。

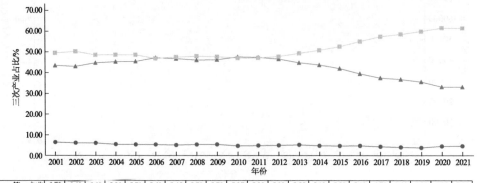

	2001	2002	2003	2004	2005	2006	2007	2008	2009	2010	2011	2012	2013	2014	2015	2016	2017	2018	2019	2020	2021
第一产业	6.79	6.48	6.41	5.80	5.71	5.69	5.45	5.70	5.78	5.07	5.23	5.32	5.55	5.12	5.08	5.12	4.70	4.40	4.20	4.90	5.00
第二产业	43.62	43.18	44.91	45.44	45.58	47.32	46.88	46.22	46.41	47.75	47.54	46.74	44.97	43.92	42.22	39.70	37.70	37.00	35.80	33.40	33.40
第三产业	49.59	50.35	48.68	48.75	48.71	46.99	47.67	48.08	47.81	47.18	47.24	47.94	49.47	50.96	52.70	55.18	57.50	58.60	60.00	61.70	61.60

图 1.5　2001~2021 年海洋三次产业结构变化过程

二、主要海洋产业发展情况

自 21 世纪以来,随着我国海洋经济总量的增加以及海洋产业结构的优化调整,我国主要海洋产业规模不断扩大。2021 年,我国主要海洋产业增加值 34052.0 亿元,产业结构进一步优化,发展潜力与韧性彰显(表 1.2)。其中,滨海旅游业发展迅速,在主要海洋产业增加值总额中占比整体稳步提升,"十三五"期间平均达到 45% 左右;海洋交通运输业与海洋渔业增加值占主要海洋产业增加值总额比重分别排第二、三位;海洋电力业、海水利用业和海洋生物医药业等新兴产业增势持续扩大(图 1.6)。总体来说,目前我国海洋经济发展取得积极成效,在多重环境影响下强劲恢复,结构不断优化,协调性稳步提升。

表 1.2　2001~2021 年全国主要海洋产业增加值　　　[单位: 亿元(人民币)]

年份	海洋渔业	海洋油气业	海洋矿业	海洋盐业	海洋化工业	海洋生物医药业	海洋电力业	海水利用业	海洋船舶工业	海洋工程建筑业	海洋交通运输业	滨海旅游业	合计
2001	966.0	176.8	1.0	32.6	64.7	5.7	1.8	1.1	109.3	109.2	1316.4	1072.0	3856.6
2002	1091.2	181.8	1.9	34.2	77.1	13.2	2.2	1.3	117.4	145.4	1507.4	1523.7	4696.8
2003	1145.0	257.0	3.1	28.4	96.3	16.5	2.8	1.7	152.8	192.6	1752.5	1105.8	4754.5
2004	1271.2	345.1	7.9	39.0	151.5	19.0	3.1	2.4	204.1	231.8	2030.7	1522.0	5827.8
2005	1507.6	528.2	8.3	39.1	153.3	28.6	3.5	3.0	275.5	257.2	2373.3	2010.6	7188.2
2006	1672.0	668.9	13.4	37.1	440.4	34.8	4.4	5.2	339.5	423.7	2531.4	2619.6	8790.4

续表

年份	海洋渔业	海洋油气业	海洋矿业	海洋盐业	海洋化工业	海洋生物医药业	海洋电力业	海水利用业	海洋船舶工业	海洋工程建筑业	海洋交通运输业	滨海旅游业	合计
2007	1906.0	666.9	16.3	39.9	506.6	45.4	5.1	6.2	524.9	499.7	3035.6	3225.8	10478.4
2008	2228.6	1020.5	35.2	43.6	416.8	56.6	11.3	7.4	742.6	347.8	3499.3	3766.4	12176.1
2009	2440.8	614.1	41.6	43.6	465.3	52.1	20.8	7.8	986.5	672.3	3146.6	4277.1	12768.6
2010	2851.6	1302.2	45.2	65.5	613.8	83.8	38.1	8.9	1215.6	874.2	3785.8	5303.1	16187.8
2011	3202.9	1719.7	53.3	76.8	695.9	150.8	59.2	10.4	1352.0	1086.8	4217.5	6239.9	18865.2
2012	3560.5	1718.7	45.1	60.1	843.0	184.7	77.3	11.1	1291.3	1353.8	4752.6	6931.8	20830.0
2013	3997.6	1666.6	54.0	63.2	813.9	238.7	91.5	11.9	1213.2	1595.5	4876.5	7839.7	22462.3
2014	4126.6	1530.4	59.6	68.3	920.0	258.1	107.7	12.7	1395.5	1735.0	5336.9	9752.8	25303.6
2015	4317.4	981.9	63.9	41.0	964.2	295.7	120.1	13.7	1445.7	2073.5	5641.1	10880.6	26838.8
2016	4615.4	868.8	67.3	38.9	961.8	341.3	128.5	13.7	1492.4	1731.3	5699.8	12432.8	28392.0
2017	4700.7	1145.2	65.2	42.3	1021.0	389.1	151.7	15.8	1091.5	1846.4	6081.0	14572.5	31122.4
2018	4800.6	1476.5	70.5	38.6	1119.0	413.4	172.0	17.1	996.6	1905.3	6521.5	16078.2	33609.3
2019	4715.0	1541.0	194.0	31.0	1157.0	443.0	199.0	18.0	1182.0	1732.0	6427.0	18086.0	35725.0
2020	4712.0	1494.0	190.0	33.0	532.0	451.0	237.0	19.0	1147.0	1190.0	5711.0	13924.0	29640.0
2021	5297.0	1618.0	180.0	34.0	617.0	494.0	329.0	24.0	1264.0	1432.0	7466.0	15297.0	34052.0

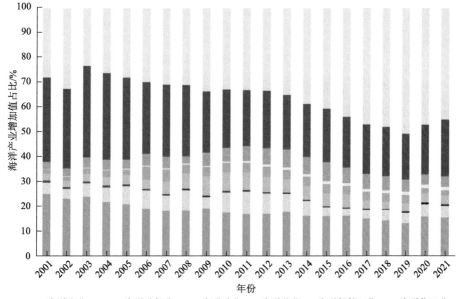

图 1.6　2001～2021 年全国主要海洋产业增加值占比变化趋势

（一）海洋渔业

海洋渔业包括海水养殖、海洋捕捞、远洋捕捞、海洋渔业服务业和海洋水产品加工等活动（自然资源部海洋战略规划与经济司，2022），其中除海洋水产品加工活动属于第二产业外，其余均属于海洋第一产业。2001～2021 年海洋渔业增加值快速增长，由 2001 年的 966 亿元上涨到 2021 年的 5297 亿元（图 1.7），年均增长率达到 8.9%，但由于海洋产业结构的持续调整，海洋渔业增加值在海洋生产总值中的比重稳步下降，由 2001 年的 25.1%下降到 2021 年的 15.6%。同时，由于我国逐步加强对近海渔业资源的保护，积极发展远洋渔业和海水养殖，近海渔业资源得到恢复，海洋渔业养捕结构持续优化，海洋渔业转型升级步伐加快。

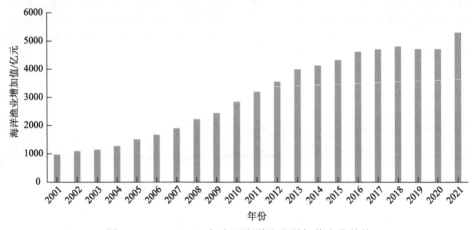

图 1.7　2001～2021 年中国海洋渔业增加值变化趋势

在区域分布上，福建与山东是当之无愧的海洋渔业大省。2020 年，福建与山东海水产品产量分别位居全国沿海省份第一、二位，其中海水养殖产量分别为 526.8 万吨与 514.14 万吨，海洋捕捞产量分别为 152.9 万吨与 165.52 万吨，近年来两省海水产品产量占全国海水产品总产量的比重均超过 20%，广东、浙江和辽宁等省份比重均超过 10%。此外，以优良的海洋渔业经济基础作为支撑，山东与福建具有相对较强的远洋渔船自主设计和修造能力。2020 年山东和福建远洋渔船数量分别为 499 艘和 481 艘，位居全国第二、三位。在精准高效的政策支持下，浙江远洋渔业蓬勃发展，2020 年拥有远洋渔船数量为 676 艘，稳居全国第一。相比之下，天津、上海、河北、海南等受自然资源禀赋与自身发展定位影响，海洋渔业并不发达，2020 年海水产品产量在全国海水产品产量的占比排名靠后。

我国"十四五"规划纲要明确提出"优化近海绿色养殖布局，建设海洋牧场，发展可持续远洋渔业"的目标。农业农村部印发的《"十四五"全国渔业发展规划》及沿海各省市均在其国民经济与社会发展"十四五"规划中强调对于现代海洋渔业的发展（中商产业研究院，2021a）。总体来说，未来一段时间我国海洋渔业的主要发展举措为：一是夯实海洋渔业生产基础。持续控制国内海洋捕捞产量，优化捕捞水产品供给，扶持远洋渔业发展；优化海水养殖结构和布局，建成一批国家级水产健康养殖和生态养殖示范区、沿海渔港经济区；提升水产品加工流通能力，推进产业集聚发展。二是强化海洋渔业科技创新。培育建立国家水产养殖种质资源保护利用体系，不断提升核心种源自给率；加速发展绿色、智能和深远海养殖，提升水产养殖机械化率；探索发展海上"渔光互补""风光渔"互补等产业融合发展新模式。三是促进渔业资源可持续利用。进一步完善休禁渔制度，有序推进海洋渔业资源总量管理和限额捕捞制度；规范池塘和工厂化等集约化海水养殖尾水排放；将资源环境保护放在首要位置，坚持质量兴渔、绿色兴渔，推进海洋牧场建设。四是促进海洋渔业开放合作。推动拓展渔业国际合作，持续提升国际履约能力，鼓励水产养殖业"走出去"，参与全球渔业治理能力显著提升。

（二）海洋油气业

海洋油气业是指在海洋中勘探、开采、输送、加工原油和天然气的生产活动（自然资源部海洋战略规划与经济司，2022）。自 2000 年以来，世界海上油气勘探进程加快，最近十几年全球大型油气田的勘探表明，陆上油气资源已日渐枯竭，60%～70%的新增石油储量均源自海洋，可以说海洋已成为全球油气资源的战略接替区（吴家鸣，2013）。中国沿海地区是环太平洋油气带的主要聚集区，蕴藏着较为丰富的石油储量，自 2004 年以来，海洋石油日益成为国家原油增量的主要来源（张毅，2004）。由于受国内经济增速、海洋油气业生产结构调整、国际油气价格变动、新油气田勘探、溢油突发事件等多重影响因素，我国海洋油气业在波动中呈现上升趋势。2001～2021 年，中国海洋原油产量与天然气产量均呈波动性增长，20 年间年均增长率分别为 4.81%和 7.63%（图 1.8，图 1.9）。2021 年中国海洋原油与天然气产量分别达到 5484.2 万吨与 198.8 亿立方米，同比增长 6.2%和 6.9%，海洋原油增量占全国原油增量的 78.2%，有效保障我国能源稳定供给和安全（自然资源部海洋战略规划与经济司，2022）。

在省域分布上，当前仅辽宁、天津、河北、山东、上海与广东等省市具有油气开采能力。就海洋原油产量而言，天津海洋原油开采发展迅速，自 2006 年以来始终位列全国第一，至 2020 年海洋原油产量达 2793 万吨，占全国海洋原油产出的 54%；广东海洋原油产量位列全国第二，整体产量波动较小且稳定于 1450 万吨以上；相比之下，山东、河北、辽宁、上海原油产量较为有限。海洋天然气生产方面，广东发展迅猛且始终位列全国海洋天然气产量榜首，2020 年广东省海洋天然气产量达 123.7 亿立方米，占全国海洋天然气产量比重达 66.5%；天津海洋天然气产量规模位列全国第二，自 2007 年以来呈现较为稳定的上升趋势，2020 年海

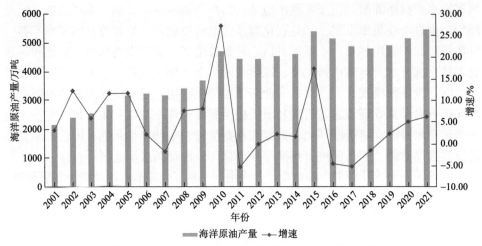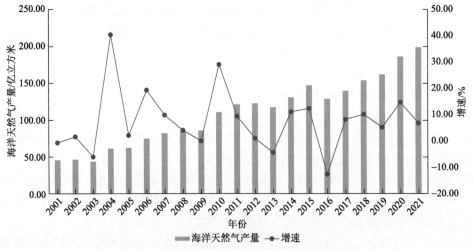

洋天然气产量为32.9亿立方米，再创天津海洋天然气产量新高；而辽宁受技术条件限制，辽东湾海洋油气业发展潜力仍处于探索阶段，近年来海洋天然气开采产量较低，居沿海省市末位。

图1.8 2001～2021年中国海洋原油产量及增速变化

图1.9 2001～2021年中国海洋天然气产量及增速变化

当下，全球能源供需多极化格局深入演变，能源结构低碳化、能源系统多元化、能源产业智能化进程加快推进。我国也步入构建现代能源体系的新阶段，在能源安全保障、能源低碳转型、现代能源产业创新升级等方面对海洋油气业发展提出更高要求。根据《中华人民共和国国民经济和社会发展第十四个五年规划和2035年远景目标纲要》《"十四五"现代能源体系规划》，"十四五"时期，我国将进一步强化油气供应能力，有序放开油气勘探开发市场准入，坚持常非并举、海陆并重，强化重点盆地和海域油气基础地质调查和勘探，加快深海、深层和非常规油气资源利用，推动油气增储上产；进一步提升海洋油气业科技创新能力，推进深层页岩气、页岩油、海洋深水油气勘探开发等关键核心技术研究及示范应用，推动能源基础设施数字化、智能化与服务基地综合化，并打造海洋油气装备产业集群；进一步加强国际能源合作，在促进海外现有海洋油气项目健康可持续发展，以油气领域务实合作促进与资源国共同发展的基础上，巩固和拓展与油气等能源资源出口大国互利共赢合作，增强我国进口多元化和安全保障能力的同时共同维护能源市场安全。积极参与并引导在联合国、二十国集团（G20）、亚太经济合作组织（APEC）、金砖国家、上海合作组织等多边框架下的能源合作，推动完善全球能源治理体系。

（三）海洋矿业

海洋矿业包括海滨砂矿、海滨土砂石、海滨地热、煤矿开采和深海采矿等采选活动（自然资源部海洋战略规划与经济司，2022）。海洋矿产资源同样作为一种战略性资源，在我国的开发起步较晚，技术水平总体与发达国家还存在一定差距，发展空间巨大。自2001年以来，我国海洋矿业整体呈现积极的发展趋势，2019年海洋矿业发展迅速，海砂、海底金矿开采有序推进，海洋矿业增加值跃升至峰值194亿元，此后海洋矿业增加值始终保持在180亿元以上，整体来看仍维持高位。从海洋矿业增加值占全国主要海洋产业增加值的比重来看，随着海洋矿产资源开采规模的扩大，海洋矿业经济贡献度有所增加，至2020年占比达到峰值0.64%（图1.10）。

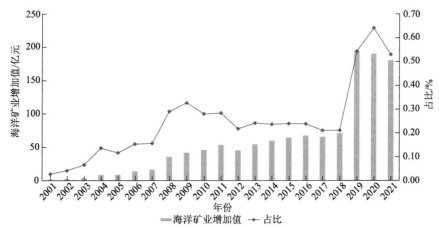

图1.10　2001～2021年海洋矿业增加值及其在全国主要海洋产业增加值中的占比

浙江、山东、福建是我国海洋矿业发展的主要省份。浙江是海洋矿业产量大省，2004年、2005年海洋矿业产量占全国海洋矿业总量比重超过九成，之后产量波动下降，近年来占比在三成左右；与此同时，山东、福建海洋矿业产量及全国占比在波动中有所提升。目前，我国海洋矿业发展仍面临众多问题，如以滨海矿砂为主且规模有限、资源浪费、资源开发使用不当、技术落后、生产效率低等，均在一定程度上制约着我国海洋矿业的发展。

在世界各国普遍面临陆上矿产资源有限、供需矛盾扩大的时代背景下，海洋矿产资源尤其是关键矿物的开发将成为未来的发展方向。由近及远，我国海洋矿业主要发力方向为：面向近海，水上水下并举，开展海岸带海域综合地质调查，合理开发海滨砂矿、海底煤矿、金矿等矿产资源；面向深远海，研究突破海底资源勘查及开发基础理论、关键技术与装备等方面的瓶颈，进一步提升锂、镍、钴、铜、锌等关键海底多金属矿物的勘探、开采和冶炼技术，力争深海空间探测与作业技术达到国际领先水平，进而有序推进深远海矿产勘探开采与深海空间开发利用等。

（四）海洋盐业

海洋盐业是利用海水生产以氯化钠为主要成分的盐产品的活动，包括采盐和盐加工（自然资源部海洋战略规划与经济司，2022）。中国的海盐生产自周代初始，经过历代的海盐生产改制，海盐产量曾连续多年居世界首位。近年来，虽然海洋盐业在中国海洋生产总值中的比重不断下降，但海洋盐业作为关系国计民生的重要产业仍然在海洋经济中占有不可或缺的地位和作用。就海洋盐业整体发展状况而言，2011 年以前，我国海洋盐业生产呈现较为积极的发展态势（图 1.11），2009 年海盐产量达到阶段性高位 3500.5 万吨，2011 年海洋盐业增加值达到历年峰值 76.8 亿元。此后，由于盐田面积逐渐萎缩和市场需求下降等因素影响，盐业市场疲态明显，海盐产量与海洋盐业增加值整体呈波动下降态势。总体来说，我国海洋盐业已进入产业成熟期，存在供过于求、产能过剩等问题。

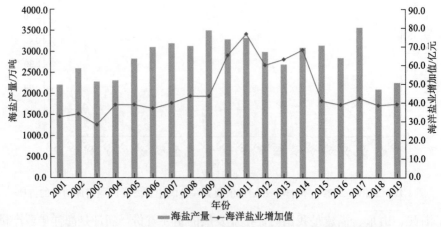

图 1.11　2002～2019 年中国海盐产量与海洋盐业增加值变动趋势

我国沿海地区除上海外均有海盐生产区。海盐生产按照不同的地理位置和自然气候条件分为北方海盐区和南方海盐区。北方海盐区包括淮河以北的辽宁、长芦（天津、河北）、山东、江苏四个主要产区，其产量占海盐总产量的比重从2000年的82.4%增长到近年来的90%以上（图1.12）。其中，山东由于拥有众多海盐场且莱州湾地区拥有浓度达到12波美度[①]的地下卤水资源而成为我国最大的海盐省份。2000～2017年间，山东海盐产量在全国海盐产量中所占的比重整体呈现上升趋势，2017年山东海盐产量达到峰值2940万吨，占比达到82.5%。2018年、2019年产量下降明显，但其占全国海盐产量的比例仍稳定于65%以上。与此相对，近年来南方海盐区萎缩速度加快，除福建外各南部省份海盐产量占全国比重均不足1%，福建海盐产量也仅稳定于27万吨左右，少量海盐以保证当地民食为主。

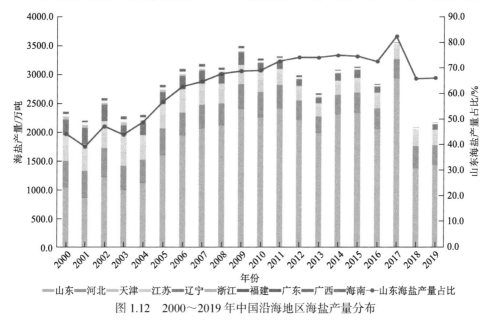

图1.12　2000～2019年中国沿海地区海盐产量分布

受资源环境与生态差异以及管理政策影响，目前我国海盐生产"北高南低"的空间布局已经形成，且未来海洋盐业的可持续发展将主要依靠基于资源生态约束的管理政策与技术（鲍俊林和高抒，2019）。"十四五"时期我国将在合理优化原盐生产布局、提升工艺和装备水平的基础上，建设海洋盐业与盐化工循环产业链，推进海洋盐业与新型盐化工、海洋化工融合协同发展。

（五）海洋化工业

海洋化工业包括海盐化工、海水化工、海藻化工及海洋石油化工等化工产品生产活动（自然资源部海洋战略规划与经济司，2022）。海洋化工各种产品广泛

---

① 把波美比重计浸入所测溶液中，得到的度数。是表示溶液浓度的一种方法。

应用于冶金、轻工、医药、食品、建材、石油、感光、消防等行业，对于实现经济社会可持续发展意义重大。进入 21 世纪，我国海洋化工业产能快速增长，增加值从 2001 年的 64.7 亿元增加到 2019 年的 1157.0 亿元（图 1.13）。受疫情影响，2020 年我国海洋化工业实现增加值 532.0 亿元，比上年减少 625.0 亿元，同比下降 54.0%。到 2021 年，随着国内对化工等原材料产品需求增加和企业复工复产，海洋石化、盐化工产品量价齐升，海洋化工业实现恢复性增长，全年实现增加值 617.0 亿元，比上年增长 6.0%。

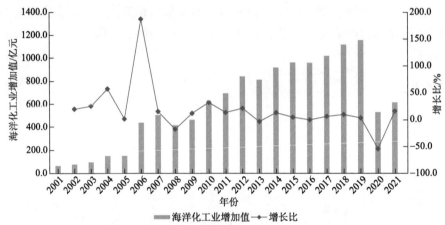

图 1.13　2001～2021 年海洋化工业增加值与增长比

我国主要大型海洋化工企业集中在渤海湾周围，基本靠近大型盐场。其中，山东依托宽广的海域面积、丰富的海洋资源和完善的海洋基础设施，海洋化工产品产量较大，在全国海洋化工业总产量中占比较高，但主要为中低端产品，产品附加值较低。相较之下广东和上海具有更为强劲的海洋化工产业科技竞争力（李勋来和鲁汇智，2022）。

目前，我国海洋化工已进入增长速度调整期，且处在后疫情时代的恢复性增长期。而且，随着我国人口红利的逐渐消失、资源枯竭与绿色低碳发展政策日渐趋严，我国海洋化工业的劳动密集型、资源密集型竞争优势正处于递减状态，向技术密集型与绿色可持续发展转型升级迫在眉睫。未来，我国海洋化工发展需加大技术改造升级力度，延伸产业链条，提高产业发展层次，更多注重精细化、差异化和资源精深加工及综合利用。在海盐化工方面，推动发展精细盐化工，拉长以溴素为原料的阻燃材料、药用中间体等产业链条，逐步打造高端盐化工产业基地；在海水化工方面，加快研发海水化学资源和卤水资源综合开发利用技术，扩大海水提取钾、溴、镁等系列产品及其深加工品规模；在海藻化工方面，支持海藻活性物质工程化开发平台建设，开展海藻工业新工艺、新技术、新产品的研究和开发，加快发展海藻化工产业；海洋石油化工方面则重点围绕原油深加工、烯烃深加工、化工新材料、精细化工及特种化学品行业等领域，大力推动石化产业串链补链强链，与此同时，强化传统精细化工绿色工艺和产品的升级改造，加快发展化工新材料和高端精细化学品。

（六）海洋生物医药业

海洋生物医药业是以海洋生物为原料或提取有效成分，进行海洋药品与海洋保健品的生产加工及制造活动（自然资源部海洋战略规划与经济司，2022），是我国最具潜力的战略性新兴产业之一，也是海洋大国争相竞争的热点领域。20世纪90年代末，海洋生物技术研究正式列入了国家863计划，并相继启动了一大批海洋生物技术的重大项目，推动了中国海洋生物医药技术的快速发展。伴随着一大批拥有自主知识产权海洋药物（功能食品）的生产上市，我国海洋生物医药科技成果产业化的步伐不断加快，诞生了一批海洋生物医药高科技企业，产业规模得到了迅速壮大。进入21世纪以来，中国海洋生物医药研发力量不断增强，沿海省市相继建立了数十家研究机构，形成了以上海、青岛、厦门、广州为中心的4个海洋药物以及海洋生物技术研究中心（裴海龙，2014）。2001~2021年，随着国家对海洋生物医药的政策支持和研发力度不断加大，我国的海洋生物医药增加值呈现出稳步上升的趋势。2001年我国海洋生物医药增加值约为5.7亿元，而到了2021年我国海洋生物医药增加值达到494.0亿元，年均增长率达25%（图1.14）。同时，海洋生物医药业增加值占全国主要海洋产业总增加值的比重也呈现较为稳定的增加趋势，由2001年的0.1%上涨至2021年的近1.5%。在未来，随着国家的政策支持和对海洋生物医药研发力度的不断加大，产业化进程加快，海洋生物医药业有望继续保持平稳较快增长，成为未来蓝色经济发展的新增长点。

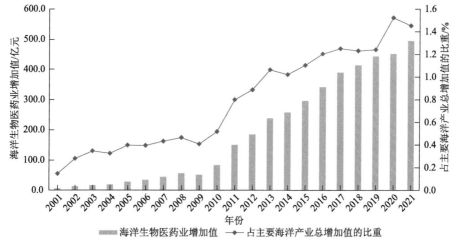

图1.14 2001~2021年海洋生物医药业增加值及其占主要海洋产业总增加值的比重

我国海洋生物医药业初期的发展依靠龙头省份带动，根据历年《中国海洋经济统计公报》显示，2003～2009 年间浙江海洋生物医药业产值 4 次居全国沿海省份首位，占全国海洋生物医药业产值比重均在 35%以上，2003 年高达 58.5%。而 2005 年江苏海洋生物医药业产值以占 37.4%的比重位居全国沿海省份首位；2007～2008 年，山东海洋生物医药业产值则分别以 46.3%和 37.6%的全国占比，连续两年位居全国沿海省份首位。2010 年以后，随着山东、广东等地海洋生物医药业的快速发展，浙江海洋生物医药业在全国的份额持续走低，2012 年下降为 26.7%（王志文等，2015）。近年来，山东积极构建完善生物医药产业科技创新体系，不断加强政策、平台、人才、技术和生物医药产业集群布局，催生了一批海洋生物医药产业领域的新技术、新产品、新模式和新业态，全省海洋生物医药产业形成了良好的发展态势，2018～2020 年，山东海洋生物医药产业增加值连续 3 年排名全国第一（陈晓婉，2021）。

虽然我国海洋生物医药业年增加值与市场规模不断扩大，发展势头良好，但我国海洋生物医药业发展仍处于起步阶段，技术活跃度还相对较低，产学研结合不紧密、知识产权保护滞后、资金投入与商业模式不成熟等不稳定因素仍然存在，需要逐步去解决。为了促进我国海洋生物医药行业的发展，近年来我国先后推出多项鼓励、支持政策。《全国海洋经济发展"十三五"规划》提出重点支持具有自主知识产权、市场前景广阔的、健康安全的海洋创新药物，开发具有民族特色用法的现代海洋中药产品。开发绿色、安全、高效的新型海洋生物功能制品，重点发展海洋特色酶制剂产品、绿色农用制品、海洋生物基因工程制品以及海洋功能食品。发展海洋生物来源的医学组织工程材料等，并要求建设以上海、青岛、厦门、广州为中心的海洋生物技术和海洋药物研究中心。我国"十四五"规划纲要明确指出要"培育壮大海洋生物医药产业"。辽宁、山东、海南、吉林、福建等沿海省份均加大对海洋生物医药业的重视，在各自"十四五"规划纲要中提及海洋生物医药业（中商产业研究院，2021b）。尤其是作为海洋生物资源大省，山东在其"十四五"规划纲要中首次提出了实施"蓝色药库"开发计划，要求鼓励发展海洋生物医药和生物制品，做强海洋生物产业集群。可以预见，未来在政策的大力支持下，随着支撑海洋生物医药业快速发展的人才、资金、技术等条件日渐优化，海洋生物资源的利用将逐步从近海、浅海向远海、深海发展，海洋医药市场也将迎来较快发展。

（七）海洋电力业

海洋电力业是指在沿海地区利用海洋能、海洋风能进行的电力生产活动，不包括沿海地区的火力发电和核力发电（自然资源部海洋战略规划与经济司，

2022）。当前，全球新一轮能源革命和科技革命深度演变、方兴未艾，国际社会对保障能源安全、保护生态环境、应对气候变化等问题日益重视，加快开发利用海洋能与海洋风能已成为世界沿海国家和地区的普遍共识和一致行动，也是我国构建清洁低碳、安全高效能源体系，解决沿海地区、海岛和海洋工程装备用电需求的有效途径，对保障国家能源安全、促进海洋经济发展具有重要战略意义。

在海洋能领域，我国近海海洋能资源总量较丰富，根据有关调查结果，我国近海海洋能资源（潮汐能、潮流能、波浪能、温差能和盐差能）的潜在量和技术可开发量分别为 6.97 亿千瓦和 0.66 亿千瓦，其中温差能资源所占比重最大，约占海洋能总量的 52.6%，开发利用技术成熟度较高的潮汐能、潮流能和波浪能共占31.1%。总体上，我国海洋能分布范围较广但不均匀，其中潮汐能和潮流能富集区域主要分布于浙江、福建、山东近海；波浪能富集区域主要分布于福建、广东近海；温差能富集区域主要位于我国南海海域；盐差能则主要位于各河流入海口。基于资源禀赋情况，我国海洋能技术示范及产业发展正逐步形成四大产业集聚区，分别是山东威海海洋能综合测试及研发设计产业集聚区、浙江舟山潮流能测试及装备制造产业集聚区、广东万山波浪能测试及运行维护产业集聚区、南海海洋能产业综合示范区（肖蔷，2016）。近些年，我国海洋能整体水平显著提升，进入了从装备开发到应用示范的发展阶段，部分技术达到了国际先进水平，我国成为世界上为数不多的掌握规模化开发利用海洋能技术的国家之一。截至 2018 年底，我国海洋能电站总装机达 7.4 兆瓦，累计发电量超 2.34 亿千瓦时。其中潮汐能电站装机 4.35 兆瓦，累计发电量超 2.32 亿千瓦时；潮流能电站总装机 2.86 兆瓦，累计发电量超 350 万千瓦时；波浪能电站总装机 0.2 兆瓦，累计发电量超 15 万千瓦时（自然资源部国家海洋技术中心，2019）。

在海洋风能领域，随着国家产业政策实施和技术装备水平提升，海上风电规模发展已见成效，总体呈现良好增长态势，2017～2021 年海上风电新增装机容量与累计装机容量年均增长率分别高达 87.2% 与 73.4%（图 1.15），且 2019～2021 年，我国海上风电新增装机容量连续三年居世界首位。尤其是 2021 年，中国海上风电装机创历史新高，新吊装海上机组 2603 台，新增装机容量达到 1448.2万千瓦，同比增长 276.6%，主要分布在江苏、广东、浙江、福建、辽宁、山东和上海 7 个省市。截至 2021 年底，中国海上风电累计装机 5237 台，容量达到2535.2 万千瓦，超越英国跃居世界第一。江苏海上风电装机容量达 1180.5 万千瓦，占全部海上风电累计装机容量的 46.5%，其次分别为广东 24.6%、福建 9.1%、浙江 7.4%、辽宁 4.2%、上海 4.0%；山东、河北和天津累计装机容量占比合计约为 4.1%。截至 2021 年底，所有吊装的海上风电机组中，4.0 兆瓦（不含 4.0兆瓦）以下海上风电机组累计装机容量占全部海上累计装机容量的 7.7%；4.0～

4.9 兆瓦机组占比 33.4%；5.0 兆瓦及以上机组占比达到 58.8%，比 2020 年增长了约 29 个百分点（图 1.16）（中国可再生能源学会风能专业委员会，2022）。

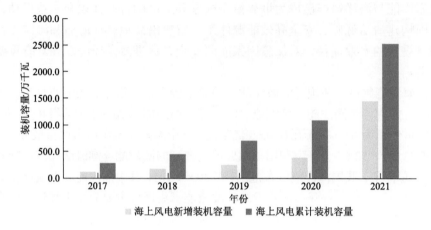

图 1.15　2017～2021 年中国海上风电新增和累计装机容量

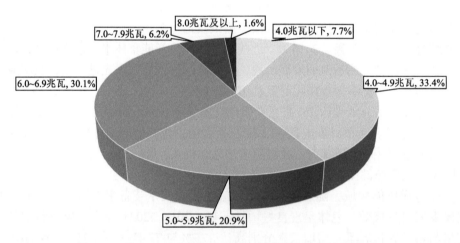

图 1.16　截至 2021 年底海上风电不同单机容量累计装机占比

随着潮流能、波浪能等海洋新能源与海洋风能产业化水平不断提高，我国海洋电力业也保持快速增长，2001～2021 年我国海洋电力业增加值始终保持着良好的增长态势。2021 年海洋电力业全年实现增加值 329.0 亿元，同比增长 38.8%（图 1.17）。但由于海洋电力业对技术发展要求高，且目前仍处于发展的起步阶段，其占全国主要海洋产业增加值比重仍然较低，仅从 2001 年的 0.05% 增加到 2021 年的 0.97%。

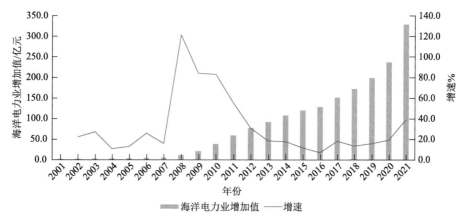

图 1.17 2001～2021 年中国海洋电力业增加值与增速变化趋势

总体来说，虽然我国海洋电力业产业化规模逐步扩大，在各类海洋能开发利用技术的研发示范持续推进下，增长态势强劲，但海洋能技术发展不均衡、核心设备缺乏、产业链结构不完善等阻碍我国海洋能发展的因素依然存在（肖蕾，2016）。我国《"十四五"可再生能源发展规划》与《"十四五"现代能源体系规划》均锚定碳达峰、碳中和与 2035 年远景目标，强调对于可再生能源（含海洋能、海上风能）发电在近海岛屿供电、深远海开发、海洋能源补给等领域应用，视海洋能与海上风电利用为我国能源结构转型的重要战略支撑。在海洋能利用方面：一是稳步发展潮汐能发电。优先支持具有一定工作基础、站址优良的潮汐能电站建设，推动万千瓦级潮汐能示范电站建设。开展潟湖式、动态潮汐能技术等环境友好型新型潮汐能技术示范，开展具备综合利用前景的潮汐能综合开发工程示范。二是继续实施潮流能示范工程，积极推进兆瓦级潮流能发电机组应用，开展潮流能独立供电示范应用。三是探索推进波浪能发电示范工程建设，推动多种形式的波浪能发电装置应用（王立彬，2022）。在海洋风能利用方面：一是优化近海海上风电布局，有序推进海上风电基地建设与集群化开发，重点建设山东半岛、长江三角洲（长三角）、闽南、粤东和北部湾五大海上风电基地；二是推动深远海风电发展，完善深远海海上风电开发建设管理，攻克漂浮式海上风电开发关键技术，探索集中送出和集中运维模式；三是稳妥推进海洋能示范化开发，积极推进具有海上能源资源供给转换枢纽特征的海上能源岛建设示范，建设海洋能、储能、制氢、海水淡化等多种能源资源转换利用一体化设施。

（八）海水利用业

海水利用业是指对海水的直接利用和海水淡化活动，包括利用海水进行淡水生产和将海水应用于工业冷却用水和城市生活用水、消防用水等活动，不包括海水化学资源综合利用活动（自然资源部海洋战略规划与经济司，2022）。我国水资源极为短缺，而沿海地区由于 GDP 增长、人口和城镇化、临港工业和高耗水行业发展带来的水资源需求快速增长，缺水情况尤为严重。海水淡化与直接利用是增加水资源供给、优化供水结构的重要手段，对缓解我国沿海缺水地区和海岛水资源短缺状况、保障水资源的可持续利用具有重要意义。

自 2001 年以来，随着我国海水利用科技创新步伐加快，我国海水利用业增加值呈现较快的增长趋势，2021 年全年实现增加值 24 亿元，比上年增长 16.4%。在海水淡化方面，我国海水淡化工程规模稳步扩大（图 1.18）。截至 2020 年底，全国共有海水淡化工程 135 个，工程规模 165.11 万吨/日，主要分布在除上海和广西之外的其他 9 个沿海省市水资源严重短缺的城市和海岛。其中浙江以 41.39 万吨/日的工程规模居全国首位，山东以 37.14 万吨/日排名第二，接着是河北（31.57万吨/日）、天津（30.60 万吨/日）、辽宁（11.48 万吨/日）、广东（8.68 万吨/日）、福建（2.66 万吨/日）、海南（1.09 万吨/日）和江苏（0.50 万吨/日）。海水淡化水主要用于沿海城市钢铁、电力、冶金等工业用水以及海岛地区生活用水。其中，海水淡化用于工业用水主要集中在沿海地区北部、东部和南部海洋经济圈的电力、石化、钢铁等高耗水行业；海水淡化用于生活用水主要集中在海岛地区和北部海洋经济圈的天津、青岛 2 个沿海城市（自然资源部海洋战略规划与经济司，2021）。在海水直接利用方面，我国沿海核电、火电、钢铁、石化等行业海水冷却用水量同样呈现稳步增长态势（图 1.18）。2020 年，全国海水冷却用水量 1698.14 亿吨，比 2019 年增加了 212.01 亿吨，广东、浙江、福建、辽宁、山东、江苏年海水冷却用水量均超过百亿吨，分别为 564.11 亿吨、333.74 亿吨、249.24 亿吨、139.14亿吨、123.09 亿吨与 112.33 亿吨。而天津 2020 年海水冷却用水量仅 4.43 亿吨，在沿海地区排名末位。

总体来看，我国目前海水利用业总体规模相对较小，海水利用增加值占全国主要海洋产业总增加值比重小于 0.1%，且关键技术与国际先进水平仍有差距，不能完全满足国内日益增长的用水需求。为贯彻落实《中华人民共和国国民经济和社会发展第十四个五年规划和 2035 年远景目标纲要》，促进海水淡化产业高质量发展、可持续发展，推进海水淡化规模化利用，2021 年 5 月，国家发展和改革委员会、自然资源部印发《海水淡化利用发展行动计划（2021—2025 年）》，积极推进海水利用在产业绿色转型、结构调整、工业节水和科技创新等领域的发展，并明确了"十四五"时期海水淡化利用在总量、规模以及技术体系上的目标，即到 2025 年，全国海水淡化总规模达到 290 万吨/日以上；海水淡化关键核心技术装备自主可控，产业链供应链现代化水平进一步提高；海水淡化利用发展的标准体系基本健全，政策机制更加完善。

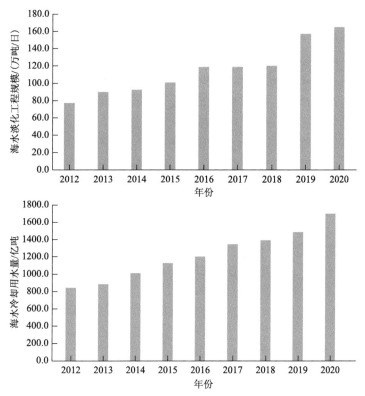

图 1.18　2012～2020 年我国海水淡化工程规模与海水冷却用水规模变化情况

（九）海洋船舶工业

海洋船舶工业是以金属或非金属为主要材料，制造海洋船舶、海上固定及浮动装置的活动，以及对海洋船舶的修理及拆卸活动（自然资源部海洋战略规划与经济司，2022）。海洋船舶工业是为海洋交通运输业发展、海洋开发及国防建设提供技术装备的综合性产业，具有高度的产业扩展性，有着"综合工业之冠"的美誉，是一个国家工业水平的象征（李雨蒙，2019）。1949～1960 年间，我国船舶工业基础薄弱，通过打捞沉船、修造民船，并借助苏联的技术援助，我国的船舶工业才得以逐步恢复和发展。但在 21 世纪前，我国造船生产量小，在世界造船行业所占份额也不大。进入 21 世纪，中国从国外引进技术和资金，积极推进国有造船厂设备现代化与大型化，提高了生产效率，促使中国造船业占世界份额快速提高，跻身世界造船大国，形成中日韩"三足鼎立"的造船产业竞争格局。2007 年中国新接订单量达到世界首位，2008 年中国手持订单量达到世界首位，到 2010 年，中国造船完工量、新接订单量、手持订单量三大造船指标全面超越韩国，位居世界首位。2011 年后，海洋船舶工业积极推进转型升级，淘汰落后产能、优化产品结构，但受国际金融危机的深度影响，全球航运市场低迷，造船企业"融资难""交船难""盈利难"等问题突出，不少企业破产倒闭，全国造船完工量持续萎缩，从 2011 年峰值 7665 万载重吨，跌至 2018 年不足 3500 万载重吨（图 1.19）。2020 年，因全球疫情影响叠加经济下滑预期，船东投资心理短期受到严重冲击，国际海船市场处于低位，市场需求严重不足，我国手持订单量持续下降，创 2008 年金融危机以来新低（中国船舶工业行业协会，2021）。2021 年，在国外新冠疫情反复影响下，船队运转效率降低，国际航运价格持续推高，使得船东造船意愿增强，全球新船需求显著回升。2021 年我国三大造船指标保持全球领先，全国造船完工量 3970 万载重吨，新接订单量 6707 万载重吨，手持订单量 9584 万载重吨，以载重吨计分别占世界总量的 47.2%、53.8%和 47.6%。其中，出口船舶分别占全国造船完工量、新接订单量、手持订单量的 90.5%、88.5%和 88.2%（中国船舶工业行业协会，2022）。与产能恢复同步，我国海洋船舶工业增加值实现恢复性增长，2021 年海洋船舶工业全年实现增加值 1264 亿元，同比增长 10.2%。

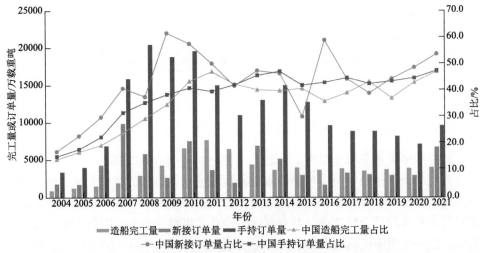

图 1.19　2004～2021 年中国造船三大指标及世界占比变化趋势

　　就空间分布而言，我国沿海 11 省市均具有海洋船舶生产能力。从 2008～2018 年沿海地区海船完工量变化来看（图 1.20），江苏海洋船舶建造能力最强，2011 年海洋船舶建造吨位达到峰值 2703 万载重吨；上海、辽宁、浙江具有传统造船优势，但近年来发展疲态较为明显；广西与海南海洋船舶制造并不发达，其海船完工量在全国海船完工量中所占比重不足 0.05%。江苏作为全国第一造船强省，在《江苏省"十四五"船舶与海洋工程装备产业发展规划》明确提出，到 2025 年，江苏省船舶和海工市场份额在国内超 40%、国际市场份额力争达到 18%左右，率先建成世界级船舶海工先进制造业集群，打造一批船舶海工装备高质量发展示范区，成为船舶与海工装备制造第一强省（江苏省工信厅，2022）。

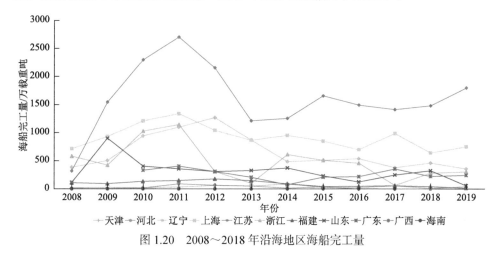

图1.20　2008～2018年沿海地区海船完工量

从产业链与科技创新来说，党的十八大以来，我国海洋船舶工业持续深化结构调整和转型升级，加快改革和创新发展，建立起集研发、设计、建造、配套、服务为一体的完整产业体系，万米载人深潜器、极地破冰科考船、超深水半潜式钻井平台、大型液化天然气（LNG）船、超大型集装箱船等相继建成交付，国产首制大型邮轮工程顺利推进，涌现出一批具有较强国际竞争力的大型企业和专业化配套企业，有力地支撑了国际航运、对外贸易、海洋经济快速发展，成为全球船舶与海洋工程装备制造业的重要主体。

当前，我国虽然已成为"造船大国"，但还不是"造船强国"，尽管我国在海洋工程装备制造和高新技术船舶产业方面取得了较大的突破和发展，但还没有完全掌握高技术船舶的核心技术，部分船舶生产技术与关键部件仍受制于人。展望未来，世界经济不确定性依然存在，外部环境更趋复杂严峻，但航运和造船业信心已经得到明显提振，加上国际海事组织关于降低全球船舶燃油含硫量新法规生效和去碳化需求带来的市场机会，预计全球船舶制造需求不会大幅萎缩，船舶绿色化、高端化转型发展将会加速推进。我国政府高度重视海洋船舶工业的转型升级发展，《中华人民共和国国民经济和社会发展第十四个五年规划和2035年远景目标纲要》《中国制造2025》《"十四五"现代综合交通运输体系发展规划》《"十四五"工业绿色发展规划》等多份规划文件对我国海洋船舶工业转型发展提出新要求，旨在巩固优势，补齐弱项，分类施策，坚持智能绿色和高质量发展方向，突破瓶颈制约，提升企业核心竞争力，加快推动由造船大国向造船强国迈进。主要举措包括：一是深入实施智能制造和绿色制造工程，推进船舶产业生产设备的智能化改造，加快发展绿色智能船舶。二是全面提升创新能力和水平，重点扶持大型液化天然气运输船、极地船舶与大型邮轮等高技术船舶研发与制造，掌握重点配套设备集成化、智能化、模块化设计制造核心技术。推进水下机器人、深潜水装备、深远海半潜式打捞起重船、大型深远海多功能救助船等高端海工装备研发与工程化。三是培育世界级的海洋船舶先进制造集群，提升全产业链竞争力。

（十）海洋工程建筑业

海洋工程建筑业是在海上、海底和海岸所进行的用于海洋生产、交通、娱乐、防护等用途的建筑工程施工及其准备活动的集合，包括海港建筑、滨海电站建筑、海岸堤坝建筑、海洋隧道桥梁建筑、海上油气田陆地终端及处理设施建造、海底线路管道和设备安装，不包括各部门、各地区的房屋建筑及房屋装修工程（自然资源部海洋战略规划与经济司，2022）。海洋工程建筑业既是一个独立的海洋产业，又与其他海洋产业及社会经济发展有着密不可分的联系，且随着海洋资源需求的增长和海洋工程技术的发展，海洋工程的内涵也更加广泛。可以说，海洋工程建筑业正从海洋经济发展的基础产业逐步发展为重要的现代综合性和战略性产业，成为人类开发利用海洋空间、油气、能源、矿产以及渔业等资源的核心支撑（李华军等，2022）。

进入 21 世纪，在我国经济实力迅速增强、科学技术水平快速提升以及围填海规模迅速扩大的综合影响下，2001～2015 年间，我国沿海地区加快基础设施建设步伐，多座跨海大桥和港口改扩建工程相继施工，促使我国海洋工程建筑业整体较快增长，增加值从 2001 年的 109.2 亿元升至 2015 历史峰值 2073.5 亿元。其中，受金融危机影响，2008 年我国海洋工程建筑业仅实现增加值 347.8 亿元，同比下降 30.4%。之后，受惠于国家产业振兴政策及拉动内需政策，海洋工程建筑业保持平稳增长。2016 年后，在国家宏观经济影响下，海洋工程项目投资放缓，海洋工程建筑业增长压力明显。2018 年，为切实提高滨海湿地保护水平，国务院发布《关于加强滨海湿地保护严格管控围填海的通知》，除国家重大战略项目外，全面停止新增围填海项目审批。受此影响，海洋工程建筑业下行压力进一步加大，但得益于智慧港口、5G 海洋牧场平台等新型基础设施建设加快推进，我国海洋工程建筑业发展整体平稳。在新冠疫情冲击下，2020 年海洋工程项目推进受阻，经过迅速的恢复和调整，2021 年跨海桥梁、海底隧道等多项工程有序推进，以智慧港口为代表的海洋新型基础设施建设持续发力，海洋工程建筑业全年实现增加值 1432.0 亿元，比上年增长 20.3%（图 1.21）。在海洋经济总量中，海洋工程建筑业的份额并不是很大。2001～2021 年海洋工程建筑业增加值在我国主要海洋产业增加值总额中的占比呈现先增后减的波动变化趋势，2015 年占比达到峰值 7.7%，后逐步下降至 2021 年的 4.2%。

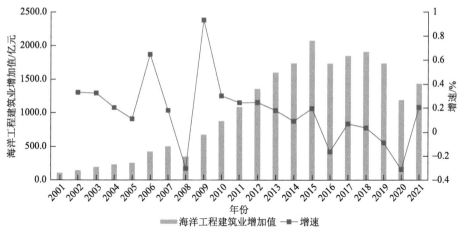

图 1.21 海洋工程建筑业增加值及增速变化

当前，随着重大海工装备研发建造水平的显著提升，我国深海开发能力初步形成，已基本具备全链条海上作业能力，且海洋新型基础设施的建设与发展将对海洋产业结构调整发挥支柱性作用，因此可以预见海洋工程建筑业未来发展形势向好，其在海洋经济中的比重和带动作用也将持续加强。接下来，海洋强国建设与海洋生态文明建设的加速推进，将对海洋工程建筑业高质量发展提出更高要求。首先，需要进一步完善海洋工程科技创新链、技术链、产业链不完善，系统梳理和总结关键技术难题，着力推动海洋工程科技革命，实现海洋工程设计、施工与运维的信息化和智能化，引导海洋工程建筑业向高端、智能、绿色发展（李华军等，2022）；其次，海洋工程建设应重点统筹好与经济发展及生态保护的关系。既要充分发挥海洋工程建筑业对海洋经济发展的推动作用，更要通过强化科学环评、建立生态补偿、提高海洋生态环境监管监控能力多种手段，减少工程建设所带来的环境影响。

（十一）海洋交通运输业

海洋交通运输业是指以船舶为主要工具从事海洋运输以及为海洋运输提供服务的活动，包括远洋旅客运输、沿海旅客运输、远洋货物运输、沿海货物运输、水上运输辅助活动、管道运输业、装卸搬运及其他运输服务活动（自然资源部海洋战略规划与经济司，2022）。海洋运输是国际物流最主要的运输方式，2021年我国约95%的国际贸易货物量通过海运完成。海洋交通运输业对国内外宏观经济环境变化较为敏感，但整体呈现良好的增长态势。2001年中国加入世界贸易组织后，外向型经济高速发展，进出口贸易持续繁荣，进而逐渐增加对海洋交通运输业的需求，因此2001～2008年我国海洋交通运输业增加值不断增长。2008～2009

年美国次贷危机和全球金融危机对中国进出口贸易的影响较大，相应减少对海洋交通运输业的需求，进而使得 2009 年增加值较 2008 年出现较大幅度下降。之后，全球经济开始复苏，中国进出口贸易也逐渐回暖，刺激海洋交通运输业的恢复性发展，2011 年海洋交通运输业实现年增加值 4217.5 亿元，但受海外市场复苏乏力和中国综合生产成本不断提升的影响，2012~2018 年间海洋交通运输业增加值增长有限，整体保持相对平稳。近年来，在中美贸易争端、新冠疫情影响下，海洋交通运输业增加值下降明显，2020 年实现增加值 5711.0 亿元，同比下降 11.1%，但在 2021 年，随着对外贸易快速复苏，远洋运力供给不断强化，沿海港口生产稳步增长，海洋交通运输业实现恢复性增长，年增加值达到 7466.0 亿元，同比增长 30.7%。作为全国第二大海洋产业和海洋经济的支柱产业，海洋交通运输业增加值在全国主要海洋产业总增加值的比重整体呈现较为明显的下降趋势，从 2001 年的 34.1% 下降到 2021 年的 21.9%（图 1.22）。

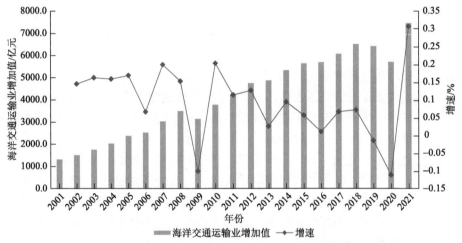

图 1.22   2001~2021 年海洋交通运输业增加值及增速变化

港口建设与航运运力是我国海洋交通运输业发展的基础。从巴黎航运咨询机构 Alphaliner 公布的 2021 年全球集装箱港口吞吐量前 30 名来看①，在前 10 名的港口中，有 9 个来自亚洲，其中 7 个来自中国：分别是上海港、宁波-舟山港、深圳港、广州-南沙港、青岛港、天津港和香港港。长期位居榜首的上海港继续保持领先地位，与最接近的对手新加坡港拉开了近 1000 万 TEU② 的差距（表 1.3）。从 Alphaliner 公布的全球班轮公司运力排名数据看③，截至 2022 年 2 月 5 日，全

---

① http://tradeinservices.mofcom.gov.cn/article/difang/tongjisj/202203/131361.html。
② TEU(twenty-feet equivalent unit)是以长度为 20 英尺（1 英尺=0.3048m）的集装箱为国际计量单位，也称国际标准箱单位。通常用来表示船舶装载集装箱的能力，也是集装箱和港口吞吐量的重要统计、换算单位。
③ https://alphaliner.axsmarine.com/PublicTop100/。

球在运营集装箱船数量共计 6324 艘，总运力 2538.88 万 TEU，排名前三的是地中海航运公司（431.36 万 TEU，占比 16.99%）、马士基集团（427.81 万 TEU，占比 16.85%）以及法国达飞海运集团（319.71 万 TEU，占比 12.59%），三家班轮公司总运力占全球市场的 46.43%，运力排名第 4~10 名依次为中国远洋海运集团有限公司（中远海运集团）、赫伯罗特公司、海洋网联船务公司、长荣海运股份有限公司（长荣海运）、现代商船株式会社（现代商船）、阳明海运股份有限公司（阳明海运）和以星航运综合航运有限公司（以星航运）（表 1.4）。整体上看，我国港口具备大型化、深水化、专业化等特质，正朝世界级港口大步迈进，而班轮运输的国际竞争力还相对有限，需要进一步提升。

表 1.3　2021 年全球集装箱港口吞吐量前 10 名

排名	港口	国家	2021 年集装箱港口吞吐量/万 TEU	2020 年集装箱港口吞吐量/万 TEU	2019 年集装箱港口吞吐量/万 TEU	增长率/%（2021 年相对 2020 年）	增长率/%（2020 年相对 2019 年）
1（1）	上海	中国	4702.50	4350.14	4330.30	8.1	0.5
2（2）	新加坡	新加坡	3746.77	3687.09	3719.56	1.6	−0.9
3（3）	宁波-舟山	中国	3108.00	2873.43	2753.50	8.2	4.4
4（4）	深圳	中国	2876.00	2655.30	2577.17	8.3	3.0
5（5）	广州-南沙	中国	2418.00	2319.15	2323.62	4.3	−0.2
6（6）	青岛	中国	2370.00	2200.47	2101.00	7.7	4.7
7（7）	釜山	韩国	2269.03	2182.40	2199.20	4.0	−0.8
8（8）	天津	中国	2026.00	1835.61	1730.07	10.4	6.1
9（10）	洛杉矶/长滩	美国	2006.20	1732.67	1696.97	15.8	2.1
10（9）	香港	中国	1778.80	1732.67	1830.30	2.7	−5.3

注：括号中的是 2020 年的排名；括号外的 2021 年的排名。

表 1.4　全球班轮公司运力前 10 名（截至 2022 年 2 月）

排名	公司	集装箱港口吞吐量/TEU	艘数	运力占比/%
1	地中海航运公司	4313568	655	16.99
2	马士基集团	4278108	732	16.85
3	法国达飞海运集团	3197075	569	12.59
4	中国远洋海运集团有限公司	2925655	475	11.52
5	赫伯罗特公司	1750269	250	6.89
6	海洋网联船务公司	1524783	207	6.01

续表

排名	公司	集装箱港口吞吐量/TEU	艘数	运力占比/%
7	长荣海运股份有限公司	1473903	202	5.81
8	现代商船株式会社	821552	76	3.24
9	阳明海运股份有限公司	663862	91	2.61
10	以星航运综合航运有限公司	420868	111	1.66

2021 年 11 月，联合国贸易和发展会议（United Nations Conference on Trade and Development，UNCTAD）发布《2021 年海运述评》（Review of Maritime Transport - 2021）表示由于需求旺盛，以及设备和集装箱短缺、服务可靠性下降、港口拥挤、延误时间拉长带来的供应方面不确定性持续加大，预计海运运费将在未来一段时间内维持在高位，这也将直接加快海运企业优胜劣汰、资源整合的步伐，加速海运船舶向大型化、专业化方向发展（UNCTAD，2021）。《中华人民共和国国民经济和社会发展第十四个五年规划和 2035 年远景目标纲要》提出"加快建设交通强国""加快建设世界级港口群"。依据我国发布的《交通强国建设纲要》《关于建设世界一流港口的指导意见》和《"十四五"现代综合交通运输体系发展规划》等多份文件，未来我们海洋交通运输业将以交通强国建设为统领，朝着以下方向发展：一是优化港口功能布局，推动资源整合和共享共用，加快港口绿色、智慧、安全与专业发展，依托京津冀、长江三角洲、粤港澳大湾区等世界级城市群，打造具有竞争力的国际海港枢纽，建设世界先进一流港口；二是在维护国际海运重要通道安全与畅通，加速我国海运船舶向大型化、专业化方向发展的同时，大力提升多式联运服务能力，创新推广多式联运组织模式，不断提高海运的全球连接度。

（十二）滨海旅游业

滨海旅游是以海岸带、海岛及海洋各种自然景观、人文景观为依托的旅游经营、服务活动，主要包括海洋观光游览、休闲娱乐、度假住宿、体育运动等活动（自然资源部海洋战略规划与经济司，2022）。滨海旅游业既是旅游业的一个重要组成部分，又是我国海洋经济发展的支柱产业。2001～2019 年，我国滨海旅游业总体呈现积极的增长态势，增加值从 2001 年的 1072 亿元增长到 2019 年的 18086 亿元，年均增长率达 17%，其在全国主要海洋产业总增加值中的占比也呈现逐步攀升的趋势，2019 年滨海旅游业增加值占主要海洋产业增加值的比重为 50.6%，达到历史峰值。值得说明的是，2003 年由于受"非典"疫情影响，滨海旅游业增加值出现明显下降，但得益于国家的积极防控与产业政策调整，次年滨海旅游业呈现恢复性增长态势。2020年新冠疫情汹汹袭来，我国旅游业发展再次受到重创。文化和旅游部数据显示，2020年全年国内旅游人数28.79亿人次，比上年同期下降52.1%；国内旅游收入2.23万亿元，同比下降61.1%（文化和旅游部，2021）。在滨海旅游业方面，2020年我国滨海旅游人数锐减，邮轮旅游全面停滞，滨海旅游业增加值为13924亿元，比上年同期下降24.5%。到2021年，随着财税、金融、用地等助企纾困和刺激消费政策的陆续出台，作为我国海洋经济增长支柱之一的滨海旅游业加快重启、复航，但受疫情多点散发影响，滨海旅游尚未恢复到疫情前水平，全年实现增加值15297亿元，在全国主要海洋产业总增加值中占比达到44.9%，依然发挥着支柱作用（图1.23）。

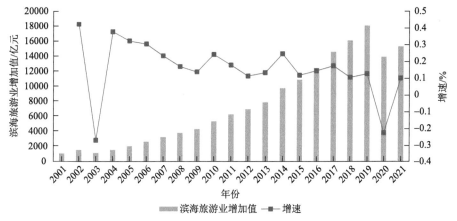

图1.23　2001～2021年滨海旅游业增加值及增速变化

人类的亲水性使滨海旅游具有独特魅力，并成为现代旅游发展中的最大热点。随着人民生活水平的提高，滨海旅游所带来的独特海洋性体验极大地刺激了旅游需求，也正因如此，滨海旅游正在成为大众化休闲度假方式，且游客年龄整体呈现年轻化趋势，彰显滨海旅游业强劲的生命力与发展潜力。在国际环境不稳定和经济下行的大背景下，我国滨海旅游正面临疫情防控常态化、旅游消费需求品质提升和旅游消费方式多样化等发展趋势，需加快供给侧结构性改革，推进行业转型升级以重建后危机管理时代的旅游经济（卢毅等，2022）。《中华人民共和国国民经济和社会发展第十四个五年规划和2035年远景目标纲要》《"十四五"旅游业发展规划》为我国接下来一段时期的滨海旅游业发展指明了方向：一是坚持文化引领、生态优先，推动文化和旅游融合发展，提升海洋文化旅游开发水平；二是完善旅游产品供给体系，加大优质旅游产品供给力度，特别强调完善邮轮游艇旅游发展政策，有序推进邮轮旅游基础设施建设，推动游艇消费大众化发展，建设一批适合大众消费的游艇示范项目；三是强化自主创新，集合优势资源，结合疫情防控工作需要，加快推进以数字化、网络化、智能化为特征的智慧旅游，深化"互联网+旅游"，扩大新技术场景应用；四是坚持依法治旅，加强旅游信用体系建设，提升滨海旅游市场监管执法水平，建立现代旅游治理体系；五是在全球新冠疫情得到有效控制的前提下，依托我国强大旅游市场优势，统筹国内国际两个市场，分步有序促进入境旅游，稳步发展出境旅游，持续推进滨海旅游交流合作。

第四节　海洋经济发展面临形势

未来一段时期，我国海洋强国建设与海洋经济转型升级都将进入关键期，海洋经济发展的外部环境和内部条件都发生着复杂深刻的变化，发展机遇与挑战并存。

一是国际发展环境日趋严峻，海洋经济转型发展面临较大压力，但我国长期向好的基本面没有改变。当前，国际体系和国际秩序正在发生深刻复杂调整，大国战略博弈持续加剧，局部冲突和动荡频发，保护主义、单边主义重新抬头，"逆全球化"势力不断崛起。致使政治经济环境不稳定性、不确定性更加突出，全球产业链供应链面临非经济因素冲击，外需萎缩，外部供给功能下降，主要经济体增速持续下行，全球经济通胀加剧和消费信心不足并存。国际环境和疫情等因素给我国海洋交通运输业、滨海旅游业等海洋产业运行带来较大影响，海洋产业结构调整和转型升级面临较大压力。但我国制度性优势日益凸显，发展韧性十足，新发展理念下一系列深化改革开放的举措，为海洋经济赋能升级提供了重要机遇。2022年上半年我国主要海洋产业逐步恢复，随着国家稳经济一揽子政策叠加效应持续释放，经济社会发展内生动力稳步增强，预计海洋经济将延续稳中向好发展态势。

二是全球区域经济一体化大势所趋，我国区域协调发展战略深入推进。在新冠疫情冲击下，为避免链条过长、分工过度的全球化所带来的断链风险，全球重要生产网络区域内部循环进一步凸显，产业链朝更短、更区域化、更本地化的趋势调整，加剧了产业集群区域化和次区域化的崛起。区域经济一体化给我国带来制造业中高端回流国外新挑战的同时，也为我国引领推动经济全球化和实现区域协调发展带来新机遇。对外开放是我国的基本国策，也是发展进步和促进经济复苏的必由之路。无论外部形势如何变化，我国必将继续站在历史正确的一边，持续深化改革，实施更大范围、更宽领域、更深层次的全面开放。可以预见，"十四五"乃至未来，我国将统筹国内、国际两个市场、两种资源，持续建设更高水平开放型经济新体制，推动共建"一带一路"行稳致远与高质量发展，推动构建人类命运共同体，加快形成陆海内外联动、东西双向互济的全方位对外开放新格局。与此同步，我国在深入实施京津冀协同发展、长江经济带发展、粤港澳大湾区建设、长三角一体化发展等区域协调发展战略，也将全面推进陆海统筹，促进陆海在空间布局、产业发展、基础设施建设、资源开发、环境保护等方面全方位协同发展。可以预见，我国沿海地区未来将集聚更多高端要素，这也对提升沿海地区发展能级、城市群建设水平、要素集聚能力提出更高要求。

三是新一轮科技革命和产业变革兴起，科技创新能力处于海洋竞争核心地位。从世界范围看，当前随着5G、人工智能、大数据、云计算、物联网、虚拟现实等新一代或颠覆性信息技术不断涌现，新产业、新业态和新模式正在蓬勃发展，新一轮科技革命和产业变革正由导入期转向拓展期，全球经济增长的新动能正在逐渐形成。日本正加速实现"Society5.0"，韩国设立"第四次产业革命委员会"全力应对第四次产业革命，美国发布"净网计划"（the clean network program），通过互联网霸权联合盟友打压遏制中国高科技企业，升起了"数字铁幕"（王德培，2021），科技竞争已成为大国竞争的焦点，世界竞争格局面临重构。国际竞争形势在对我国的比较优势、要素供给、制度供给形成重大影响的同时，也将为我国转变海洋经济发展方式、优化产业结构、转换增长动能、实现"弯道超车"提供机遇。党的十九大报告提出我国2050年建成世界科技强国的目标，新冠疫情下我国启动"新基建"建设，"十四五"规划再次明确提出要坚持创新在我国现代化建设全局中的核心地位，深入实施科教兴国战略、人才强国战略、创新驱动发展战略，加快建设科技强国。聚焦到海洋领域，海洋科技创新能力进一步成为推动海洋经济高质量发展的基本手段和核心力量，"智慧海洋"建设在全国沿海地区广泛布局。在未来，中国应抓住新一轮科技革命和产业变革机遇，重视海洋科技人才培养，攻克海洋领域"卡脖子"技术，推动海洋新型基础设施建设，促进海洋产业数字化转型。

四是生态文明建设不断纵深推进，"双碳"目标对海洋开发与保护提出更高要求。气候危机"灰犀牛"正加速向人类走来（唐新华，2021）。全球性生态危机成为全人类共同面对的问题，保护生态环境、实现可持续发展成为各国共识，且加速渗透到全球社会经济发展当中。2018年政府间气候变化专门委员会（IPCC）发布《全球1.5℃增暖特别报告》，呼吁在2050年左右实现CO_2净零排放（康艳兵等，2020）。2021年3月，欧盟议会通过"碳边境调节机制"（CBAM）议案，决定自2023年起对进口产品征收"碳关税"，全球产业绿色转型升级越发迫切。党的十八大以来，以习近平同志为核心的党中央将生态文明建设推向新高度，一体治理山水林田湖草沙，开展了一系列根本性、开创性、长远性工作，绿水青山就是金山银山的理念已经成为全党全社会的共识。近年来，中国主动践行大国责任，建立"中国气候变化南南合作基金"，推动建立"一带一路"绿色发展国际联盟，提出碳达峰碳中和的"3060目标"，中国已成为全球生态文明建设的重要参与者、贡献者、引领者。生态文明建设的历史新高度和打好碳达峰碳中和硬仗的要求使得我国海洋经济发展所面临的海洋资源与生态环境约束加大，需要进一步创新发展思路，正确处理好生态环境保护和发展的关系，发展提升海洋碳汇能力，建设绿色低碳生产生活体系，实现海洋经济的高质量可持续发展。

五是全球蓝色经济发展潜力巨大，国内外向海发展势头强劲。全球"蓝色经济"崛起迸发巨大能量，预计到 2030 年将达 3 万亿欧元（廖静，2018），实现可持续发展的"蓝色经济"成为国际共识。世界各国正抓紧调整各自海洋发展战略，推动变革创新，转变发展方式，开拓新的发展空间。例如，在东北亚地区，日本提出在确保海洋权益基础上，全面进行海洋开发利用，以应对"新海洋立国的挑战"；韩国提出"全球海洋强国"发展愿景，将建设更清洁、更安全、更高产的海洋；朝鲜基于宏观经济环境与海洋产业基础，积极谋划海洋经济发展；俄罗斯则提出恢复俄罗斯海洋强国的目标，并制定了一系列海洋战略。我国海洋强国建设蕴藏发展良机，海洋经济将成为引领"十四五"产业发展的核心力量。我国"十四五"规划和 2035 年远景目标纲要明确提出，积极拓展海洋经济发展空间，坚持陆海统筹、人海和谐、合作共赢，协同推进海洋生态保护、海洋经济发展和海洋权益维护，加快建设海洋强国。未来，作为世界海洋大国，我国预计将持续加强海洋经济的对外开放程度，坚持"共商、共建、共享"的原则继续推进"21 世纪海上丝绸之路"的建设，主动承担国际海洋公共产品供给和海洋秩序维护的责任，建立更为广阔的"蓝色伙伴关系"，聚力促进"海洋命运共同体"。

第五节　推进东北亚海洋合作

改革开放以来，中国开启走向世界的大门，坚持实施对外开放战略，实现了从封闭半封闭到全面开放的伟大历史转折，取得了举世瞩目的成就，不仅推动了中国经济的崛起，也为世界经济带来巨大的发展动力。以开放促改革、促发展，是中国改革开放 40 多年来的重要经验和启示，也是我们面向未来、不断取得新成就的重要方法（人民日报评论部，2018）。海洋是连接世界各国的蓝色桥梁，是世界资源的汇聚地和经济发展的支撑点。随着对外开放格局的不断扩大，蓝色正逐渐渗入中国经济的底色，中国经济形态和开放格局呈现出前所未有的"依海"特征，海洋经济正在成为拉动中国增长的新引擎，中国经济已是高度依赖海洋的开放型经济。从全球趋势来看，中国高度依赖海洋的开放型经济形态，决定了全球海洋秩序的构建和运用关乎重大国家利益。因此，推动海洋经济高质量发展，要牢固树立开放发展理念，坚持走开放发展之路，提高对外开放的质量和发展的内外联动性，形成国内国际互补的双循环格局。

作为全球化的重要组成部分，区域合作既是各国顺应时代潮流的必然产物，也是相邻国家为减缓全球化无序冲击的合理选择。从世界区域经济发展过程来看，世界经济的发展中心和新增长点在向东移，亚太地区已成为世界经济增长的最大动力源，同时也成为美、中、俄等大国战略博弈的核心区，这一潮流不可逆转（吴时舫，2005）。东北亚区域则是亚太地区最具发展活力和潜力的地区之一。从政治意义上讲，东北亚区域覆盖范围广阔，包括中国、日本、韩国、朝鲜、蒙古国等东亚国家和俄罗斯，六国人口占全球人口23%，区域生产总值占全球经济总量的19%，且资源丰富、工业基础雄厚，在全球发展中具有举足轻重的地位（郭佳，2021）。虽然特殊的地理环境、持久的交往历史、顺畅的经贸交流合作基础、快速推进的城市化进程、不断增强的相互依赖度，都为区域内合作奠定了坚实基础（岳惠来，2017），但由于区域内各国间政治制度、经济开放度不同，加之存在韩日独岛之争、中日钓鱼岛争端、俄日南千岛群岛之争等海洋权益争端，存在中日、韩日历史问题，存在美日韩同盟和美国对中俄两国的持续遏制政策等，种种原因冲淡了东北亚各国的合作努力，区域内经济呈现着"合作—变冷—再合作"的繁杂局势（岳惠来，2017），致使东北亚久久未能建成具有制度化色彩的、真正实行区域合作的经济圈或者经济合作机制。但无论是从历史、现实还是可预见的未来看，中国面临的最大挑战将来自东北亚。因而我国政府依然高度重视东北亚区域合作，始终坚持平等互利、共同发展的原则，积极发展与东北亚各国的友好关系，推动东北亚合作稳步向前。2018年9月12日，习近平主席在第四届东方经济论坛致辞中提出"中方愿同地区各国一道，积极探讨建立东北亚地区协调发展新模式"。这是习近平主席就东北亚区域合作提出新的构想和思路。2019年8月23日，习近平主席向第十二届中国-东北亚博览会致贺信，指出"东北亚是全球发展最具活力的地区之一。共建'一带一路'为拓展和深化地区合作持续注入新动能。"

东北亚区域海陆相连，海洋资源丰富，除蒙古国外，其他国家均为海洋国家，而蒙古国社会经济的发展也高度依赖跨国出海大通道的建设。多年来，经过双边及多边务实合作，东北亚通边达海的海洋合作基础日臻完善，以海洋为载体和纽带的市场、技术、信息、文化等合作日益紧密。东北亚海洋经济合作不仅对区域海运航线网络、贸易格局、海洋产业布局、海洋权益维护产生重大影响，也将使区域各国共同增进海洋福祉，共享蓝色空间具有重要的现实意义（黄庆波和李焱，2020）。可以说，海洋合作是东北亚区域合作的重要战略选择，是构建符合各国共同利益关切点，以经促政实现国家间发展战略对接，促进东北亚稳定与发展的有效手段（岳惠来，2017）。

中国与东北亚各国的双边海洋合作是引导区域向多边合作机制转换的坚实基础。当前，东北亚各国均将海洋经济发展提到重要日程上来。我国正陆海统筹全力推进海洋强国建设，日本则主张全面进行海洋开发利用以应对"新海洋立国的挑战"，韩国提出"全球海洋强国"发展愿景，俄罗斯提出恢复俄罗斯海洋强国的目标，朝鲜则基于宏观经济环境与海洋产业基础，积极谋划海洋经济发展。海洋经济作为外向型经济，其发展易受外部环境的影响，妥善处理我国海洋强国目标与周边国家海洋发展关系，是我国海洋强国建设行稳致远的必由之路。因而需要我们对周边国家海洋经济发展现状与政策趋势以及海洋整体发展动向进行较为深入而全面的研究，在学习各国海洋经济发展经验、掌握其发展动向的同时对周边环境做出清晰的判断，结合我国实际研究确定合作领域与有效的应对策略，保障与拓展蓝色经济空间。

本章参考文献

鲍俊林, 高抒. 2019. 13 世纪以来中国海洋盐业动态演变及驱动因素. 地理科学, 39(4): 596-605.

陈晓婉. 2021. 山东海洋生物医药产业增加值连续 3 年排名全国第一. http://www.sdxc.gov.cn/sy/jrywsy/202111/t20211103_9375880.htm[2023-06-09].

崔旺来, 钟海玥. 2017. 海洋资源管理. 青岛：中国海洋大学出版社.

崔旺来, 钟丹丹, 李有绪. 2009. 我国海洋行政管理体制的多维度审视. 浙江海洋学院学报(人文科学版), 26(4): 6-11.

郭佳. 2021. 东北亚地方政府共谋打造"东北亚海洋经济合作圈". 中国新闻网. https://www.chinanews.com.cn/cj/2021/09-22/9571417.shtml[2021-09-22].

国家海洋局. 2004. 2003 年中国海洋经济统计公报. http://g.mnr.gov.cn/201701/t20170123_1428290.html [2023-06-09].

黄庆波, 李炎. 2020-07-07. 东北亚海洋经济合作与东北老工业基地振兴. 吉林日报(2).

江苏省工信厅. 2022. 《江苏省"十四五"船舶与海洋工程装备产业发展规划》解读. http://gxt.jiangsu.gov.cn/art/2022/3/22/art_6197_10385582.html[2022-12-12].

康艳兵, 熊小平, 赵盟. 2020. 欧盟绿色新政要点及对我国的启示. 中国发展观察, Z5: 114-117.

李华军, 刘福顺, 杜君峰, 等. 2022. 海洋工程发展趋势与技术挑战. 海岸工程, 41(4):18.

李雨蒙. 2019. 船舶工业 70 年发展历程. https://www.ce-china.cn/ce_china/vip_doc/15707901.html [2022-12-12].

李勋来, 鲁汇智. 2022. 山东省海洋化工产业竞争力比较研究——基于沿海十一省份的比较分析. 山东社会科学, 2022(2): 148-155.

廖静. 2018. 到 2030 年, 全球蓝色经济产值将达 3 万亿欧元. 海洋与渔业, 285(1): 42-43.

卢毅, 宋有欣, 曲薪霖, 等. 2022. 新冠疫情对滨海旅游业发展的影响与对策研究. 产业与科技论坛, 21(8): 20-22.

裴海龙. 2014. 中国海洋生物医药业：国外经验及其启示. 商, (26): 236-237.

人民日报评论部. 2018-10-31. 开放促发展, 增添发展新动能. 人民日报(5).

史春林, 马文婷. 2019. 1978 年以来中国海洋管理体制改革：回顾与展望. 中国软科学, (6): 1-12.

唐新华. 2021-04-24. 应对气候危机"灰犀牛"让人与自然和谐共生. 光明日报(6).

王德培. 2021. 中国经济 2021：开启复试时代. 北京：中国友谊出版公司.

王立彬. 2022. 开发海洋能源助力"双碳"目标实现. https://www.gov.cn/xinwen/2021-08/17/content_5631769.htm[2022-12-12].

王志文, 茅克勤, 段鹏琳. 2015. 浙江省海洋生物医药产业发展对策研究. 海洋开发与管理, 32(8): 73-75.

文化和旅游部. 2021. 2020 年文化和旅游发展统计公报. https://www.gov.cn/xinwen/2021-07/05/content_5622568.htm[2022-12-12].

吴家鸣. 2013. 世界及我国海洋油气产业发展及现状. 广东造船, 32(1): 29-32.

吴时舫. 2005. 试论东北亚海洋产业合作. 中国海洋大学学报(社会科学版), (6): 22-25.

肖蔷. 2016-06-13. 十三五海洋能能掀起多大风浪. 中国能源报(2).

严耀. 2014. 大部制背景下我国海洋行政管理体制改革研究. 湛江: 广东海洋大学.

岳惠来. 2017. 促进东北亚海洋经济合作 共建"一带一路". 东北亚经济研究, 1(2): 5-11.

张海柱. 2015. 理念与制度变迁: 新中国海洋综合管理体制变迁分析. 当代世界与社会主义, (6): 162-167.

张毅. 2004. 中海油公司: 我国原油增量将主要来自海上石油. https://finance.sina.com.cn/g/20040331/0724694942.shtml[2022-12-12].

自然资源部海洋战略规划与经济司. 2021. 2020 年全国海水利用报告. http://gi.mnr.gov.cn/202112/t20211206_2709757.html[2022-12-12].

自然资源部海洋战略规划与经济司. 2022. 2021 年中国海洋经济统计公报. http://gi.mnr.gov.cn/202204/t20220406_2732610.html[2022-12-12].

中国船舶工业行业协会. 2021. 2020 年船舶工业经济运行分析. http://www.cansi.org.cn/index.php/cms/document/15636.html[2022-12-12].

中国船舶工业行业协会. 2022. 2021 年船舶工业经济运行分析. http://www.cansi.org.cn/index.php/cms/document/17230.html[2022-12-12].

中国可再生能源学会风能专业委员会. 2022. 2021 年中国海上风电装机统计. 风能, (8): 46-49.

中商产业研究院. 2021a. 全国各省市海洋渔业"十四五"发展思路汇总分析. https://www.askci.com/news/chanye/20210508/1706591443318.shtml[2022-12-12].

中商产业研究院. 2021b. 全国各省市海洋生物医药产业"十四五"发展思路汇总分析. https://www.askci.com/news/chanye/20210506/1616011443207.shtml[2022-12-12].

自然资源部国家海洋技术中心. 2019. 中国海洋能 2019 年度进展报告. https://www.mnr.gov.cn/dt/ywbb/201910/t20191030_2477931.html [2022-11-12].

Li F, Xing W, Su M, et al. 2021. The evolution of China's marine economic policy and the labor productivity growth momentum of marine economy and its three economic industries. Marine Policy, 134: 104777.

UNCTAD. 2021. Review of Maritime Transport 2021. https://unctad.org/webflyer/review-maritime-transport-2021[2022-12-12].

第二章　日本海洋经济发展及中日合作方向探讨

　　日本四面环海，由北海道岛、九州岛、四国岛、本州岛四个大岛和周边约 7000 个岛屿构成，国土面积仅约 38 万平方千米，陆地资源匮乏，而主张的领海及专属经济区面积却达到了 447 万平方千米，位居世界第 6 位，相当于其国土面积的 12 倍，蕴藏着巨大的海洋资源开发潜力。日本生活和工业用地的供给极其紧张，现代大工业发展所需要的原料和燃料等绝大部分依赖进口，进出口货物对海上交通运输的依赖度高达 90%以上。为了保护国土、获取资源以及保障国民安全，日本十分重视海洋保护与利用，推行进取性的海洋经济战略，将活用海洋，大力发展海洋产业作为经济社会存立和发展的基础。然而，作为外向型经济，海洋经济发展易遭受国际环境的影响，呈现出不稳定的特征。此外，2020 年初，新冠疫情暴发并席卷全球，海洋经济发展的不确定性更加突出。中日两国隔海相望，经贸联系密切，且日本视中国为重要的战略竞争对手。因此，厘清日本海洋经济推进机制，分析日本海洋产业发展现状与趋势，判断其主要战略动向，并开展中国应对策略的思考对我国推进海洋强国建设，寻求后疫情时代中日合作具有重要的战略意义。

第一节　日本海洋行政推进机制与海洋产业管理

　　日本为实现"海洋立国"，2007 年 4 月由国会通过《海洋基本法》，同年 7 月 20 日该法生效。《海洋基本法》规定了国家海洋基本理念和基本施策内容，明确国家、地方政府、事业者和国民的责任，并要求制定《海洋基本计划》，设立综合海洋政策本部，综合及有计划地推进海洋相关政策，促进日本经济社会健康发展（图 2.1）。《海洋基本法》作为统领日本海洋开发、利用与可持续发展的行为规范，为日本海洋事业发展提供了有效的法律保障（郁志荣，2018）。根据《海洋基本法》，政府要每隔五年制定或修订一次《海洋基本计划》。《海洋基本计划》既是贯彻《海洋基本法》的有效举措，又是海洋综合管理的载体和抓手，也是日本举国落实海洋政策的行动纲领。

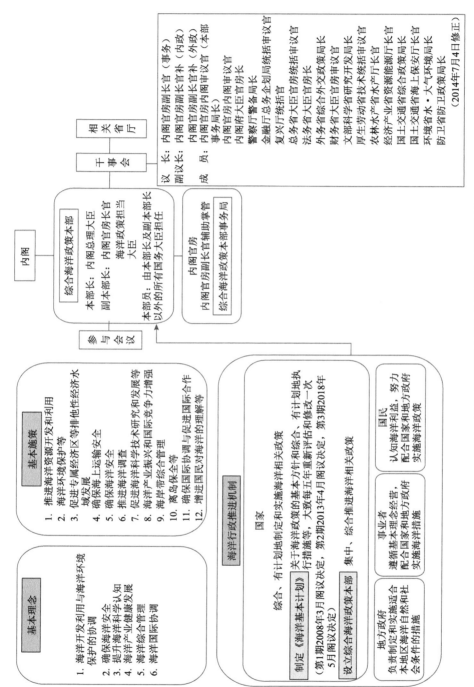

图2.1　日本《海洋基本法》与海洋行政推进机制

根据《海洋基本法》，为集中和综合推进海洋相关政策，内阁设立综合海洋政策本部（以下简称"本部"），负责制定和推进《海洋基本计划》及实施方案；综合协调有关行政机关落实《海洋基本计划》的实施措施；策划、拟定及综合调整重要海洋政策内容。综合海洋政策本部由本部长、副本部长及本部员组成，本部长由内阁总理大臣担任，是日本海洋综合管理的第一责任人，副本部长由内阁官房长官及海洋政策担当大臣担任，本部员由本部长及副本部长以外的所有国务大臣担任。本部相关事务由内阁官房处理，内阁官房副长官辅助掌管。内阁官房为处理综合海洋政策本部的事务，设置综合海洋政策本部事务局（首相官邸，2007a）。综合海洋政策本部设立参与会议，对有关海洋政策的重要事项进行审议。参与会议者由十人之内的有识之士组成，具体由内阁总理大臣任命。由于海洋管理的综合性、复杂性及相关行政机关相互联系的紧密性，为综合协调、科学制定和推进《海洋基本计划》及相关政策措施，综合海洋政策本部下设干事会（首相官邸，2007b），由相关行政机关要员构成，相关省厅则作为实施主体积极推进国家海洋战略和政策（图2.1）。完善的高位集中决策式的海洋战略推进机制为日本发展海洋产业奠定了牢固的政策基础，有利于统筹协调涉海部门、提高行政效率，合力推进日本海洋政策的贯彻与实施，促进海洋产业的快速发展。

根据第三期《海洋基本计划》有关政策部署，除内阁官房外，海洋资源利用与产业推进主要由经济产业省、国土交通省、农林水产省、文部科学省、环境省、外务省等6个行政部门承担（首相官邸，2018），相关具体职责如下：

经济产业省的使命是发展日本的经济和工业，致力于提升私营企业的经济活力，顺利推进对外经济关系，确保能源和矿产资源的稳定高效供给[经济产業省（经济产业省），2013]。该省所属的资源能源厅下设节能与新能源部、资源燃料部、电力煤气事业部等 3 个与海洋相关的部门[经济産業省（经济产业省），2020]，主要负责海洋石油、天然气、矿物资源和海上风电等海洋产业发展。

国土交通省负责国土综合系统利用、开发和保护，社会资本整合，推进交通政策，发展气象业务，确保海上安全和治安。下设观光厅、气象厅、海上保安厅、日本运输安全委员会等直属机构，主要负责旅游观光、造船、海运和港湾等海洋产业发展（国土交通省，2008）。

农林水产省全面负责农、林、渔业产品的管理，从生产到消费，从农村发展到提高农村居民福利，实现粮食稳定供应，实现农业、林业、渔业健康发展。该省下属水产厅主要负责渔业和水产资源的管理与产业振兴（姜雅，2010）。

文部科学省负责日本教育、科学技术、学术、体育以及文化的振兴。下设研究开发局负责规划、制定与海洋科学技术、地球科学技术、环境科学技术等有关的研究开发政策等，掌管海洋科学技术中心、国立极地研究所；下设研究振兴局掌管以东京大学海洋研究所为主的院校研究所（文部科学省，2015）。

环境省下设水、大气环境局,采取综合措施防治大气污染、水质污染和土壤污染。在海洋方面,负责海洋环境保护和封闭性海域水环境改善。

外务省下设综合外交政策局、经济局和国际法局等 3 个与海洋相关部门。其中综合外交政策局空间和海洋安全政策室负责日本安全保障外交政策中关于宇宙空间及海洋的规划、立案的外交政策;经济局负责与海洋、渔业相关的政府涉外业务,加强与国际经济组织合作,保护和促进日本与外国商业和航运有关的利益;国际法局海洋法室负责海洋领域国际法战略的规划、立案,国际法发展和国际法规的解释与实施业务[外務省(外务省),2019]。

第二节　主要海洋产业发展现状及趋势

一、海洋能源和矿产资源业

日本能源需求在 1960 年以后急速增长,由于本国陆地能源和矿物资源缺乏,日本高度依赖从海外进口廉价石油,1973 年一次能源供给对于石油的依赖度高达75.5%。但是 1973 年发生的第一次石油危机和 1979 年爆发的第二次石油危机,使日本经历了石油价格高涨和供给断绝的不安,也促进了煤炭、天然气的进口和核电等新能源的开发。直接导致 1990 年石油在第一次能源供给中所占的比例下降到55.97%,2010 年更是大幅下降到 40.27%,作为石油的替代能源,煤炭、天然气和核能 2010 年占比分别增加到 22.72%、18.16%和 11.19%,日本能源来源实现多样化。但是,2011 年东日本大地震后,日本核能发电快速停止,2014 年核能发电量更是降为零,与此同时,化石燃料作为核能替代燃料的比例有所增加,致使 2014年日本能源自给率下降至最低点,仅为 6.4%。2017 年,由于电力部门大力推进可再生能源发展并再次启动核能发电,使得化石燃料占比下降,其中 2018 年石油占比跌至 37.61%,为 1965 年以来的最低点。与此同时,可再生能源及核能等非化石燃料连续 6 年增加。2018 年能源自给率回升到 11.8%(图 2.2)[资源エネルギ一厅(资源能源厅),2019a]。

对于高度依赖化石燃料海外进口的日本来说,确保能源稳定供给是非常重要的。在这种情况下,日本越发重视海洋能源和矿物资源的开发和利用,将资源、能源的勘探开发视为日本生存与发展至关重要的海洋发展领域[资源エネルギー厅(资源能源厅),2019a]。日本周边海域,除了石油、天然气之外,还确认了甲烷水合物和海底热液矿床等海洋能源、矿物资源的赋存。但是,开发这些海洋能源和矿物资源,需要基于中长期视角计划性地开展赋存量调查、生产技术开发、环境影响评估以及政策制度建设等工作。为此,基于《海洋基本计划》(2008 年3 月制定,2013 年 4 月修订,2018 年 5 月修订),日本制定了《海洋能源·矿物资源开发计划》（2009年3月制定，2013年12月修订，2019年1月修订），在关注国际市场情况、供求情况和经济社会形势等外部环境的同时，适时转动PDCA[①]周期，有计划地推进了海洋能源和矿物资源开发。

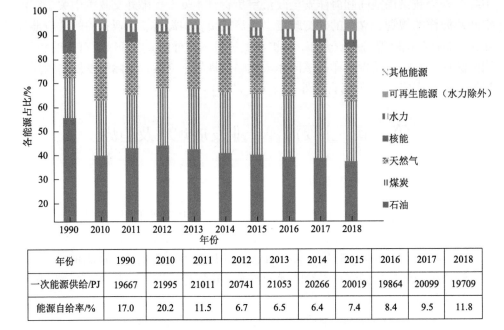

年份	1990	2010	2011	2012	2013	2014	2015	2016	2017	2018
一次能源供给/PJ	19667	21995	21011	20741	21053	20266	20019	19864	20099	19709
能源自给率/%	17.0	20.2	11.5	6.7	6.5	6.4	7.4	8.4	9.5	11.8

图2.2　日本一次能源供给结构及能源自给率

一次能源供给是从总供给中扣除出口供给和库存变动。能源自给率是国民生活和经济活动所需的一次能源，在本国内能够确保的比率

（一）甲烷水合物勘探开发

甲烷水合物广泛分布在深海沉积物和极地冻土地带，日本周边海域也有相当数量的赋存，主要以砂层型和表层型两个形式赋存。砂层型甲烷水合物主要分布在日本太平洋一侧南海海沟区域。表层型甲烷水合物主要分布在日本海一侧。日本将这些甲烷水合物作为国家能源稳定供给的重要资源，正在进行面向商业生产的技术开发。

关于砂层型甲烷水合物，日本目前已经完成"技术课题集中攻关（2013～2015年）"和"商业化技术准备（2016～2018年）"两个阶段，使用减压法完成第1次和第2次海洋生产试验，推进陆上中长期生产试验工作，加强与民营企业的技术交流与共享，促进民营企业参与海洋生产试验。此外，利用已有地震探测数据

---

① 提出具体的目标（Plan）、实施对策（Do）、正确把握并评价其进展状况（Check），根据其结果，重新评估其进展内容（Act）。

在日本东部南海海沟的内外发现了潜在的甲烷水合物浓集带。接下来，日本将推进面向商业生产的技术开发。2018～2022 年基于迄今为止各类研究成果，实施包含技术方法、经济性评价、周边环境影响评估等的综合性验证；在综合验证基础上，开展应用减压法的生产技术方案开发，提高生产行为预测和技术可采量评价可靠性；改善政策和制度环境，优化生产关系，实施低成本的陆上长期生产试验，为确立长期生产技术营造环境、打好基础。根据三维地震勘探结果，选定浓集带进行试掘并推定赋存量。2023～2027 年则考虑以民营企业为主导进行商业化开发。

关于表层型甲烷水合物，2013～2015 年间日本以日本海为中心，对资源量实施地质调查。结果显示，在调查的 10 个海域中，可能存在 1742 个表层型甲烷水合物的地质构造。2016 年后，日本正式开展资源回收技术调查，并实施表层型甲烷水合物分布与形态特征的海洋调查。2018～2022 年将推进面向海洋生产试验的有力措施，包括加强生产技术开发、确定海洋生产试验地点、研究适合表层型甲烷水合物的环境影响评价方法等。2023～2027 年则根据发展评估结果，适时进行海洋生产试验，并考虑以民营企业为主导进行商业化开发[资源エネルギー庁（资源能源厅），2019b]。

（二）石油、天然气勘探开发

2018 年石油、天然气合计占日本一次能源供给源的 60.40%。在 2015 年日本制定的长期能源供给预测中，2030 年石油约占日本一次能源供给源 48%，被定位为重要的能源之一。但是，日本几乎所有的资源都依赖于从海外进口，为了实现稳定的资源供给，日本有计划地实施基础物理探查和试钻来补充和促进民营企业生产活动，推进国内资源勘探开发，从而扩大国产石油、天然气资源生产量。为了有效掌握日本周边海域石油、天然气资源潜力，日本从 2008 年 2 月利用三维物理探测船进行资源探查，2008～2018 年间，平均每年约进行 6000 平方千米海域的探查，到 2018 年底为止，日本在其周边海域大致进行了 6.2 万平方千米的三维物理勘探，发现约 90 个具有开发前景的地质构造。基于探测数据的谨慎研究和民营企业的探矿热情，2016 年选定石油、天然气资源潜力较高的岛根县和山口县海域实施了基础试钻，在获取各种地质数据的同时确认了强劲的气体征兆，预示着日本周边海域能够发现新的油气田[资源エネルギー庁（资源能源厅），2019b]。

2019～2028 年，日本将继续推动以国家为主导的资源探查工作，日本国家石油、天然气和金属公司（JOGMEC）将利用新的三维物理探测船及附属设备在国家主导下对约 5 万平方千米的海域进行探查，获取详细的地质信息并分享至民间。在有开发前景的海域，随着挖掘机会的增加以及民营企业探查需求的提升，还将利用民营企业进行勘探与试掘活动。此外，日本提议使用三维物理探测技术和三维物理勘探船作为资源外交工具进行国际合作，积极向外国政府和企业提出建议，并构筑面向国内外可查阅的数据库。

（三）海洋矿物资源勘探开发

缺乏陆地金属矿物资源的日本，其需求量几乎全部依赖于海外进口。日本为寻求稳定的资源供给，逐步推进周边海域海洋矿物资源开发。日本周边海域海洋矿物资源主要有海底热液矿床、钴矿、锰团块、稀土泥等。

关于海底热液矿床，日本在属于岛弧-海沟系的冲绳海域及伊豆-小笠原海域水深700～2000米的海底发现较多潜在海底热液矿床。2018年10月，日本总结了迄今为止在资源量评估、采矿、扬矿技术、选矿、冶炼技术和环境影响评估等领域相关技术，对其进行技术性评价，并结合当前商业化情况开展海底热液矿床开发的经济性评价。另外，2018年8月，日本在冲绳海域采集海底热液矿床矿石，成功使用国内炼厂作业炉制造锌合金。2018年12月，在伊豆-小笠原海域确认了存在新的海底热液矿床，命名为"东青岛矿床"。到目前为止，确认冲绳海域资源量约740万吨，伊豆-小笠原海域"白岭矿床"资源量10万吨，且其他矿床的资源量评价也在持续进行。2022年前，日本将在积极关注国际形势的同时，加强民营企业参与度，在官民合作的基础上推进商业化。2023年后适时选定矿床作为开发对象。

由于钴被用于锂离子电池，随着电动汽车的日渐普及，预计今后对于钴矿的需求将持续增加。钴矿除在公海海底存在外，在日本周边海域也有一定的赋存量。2014年1月，JOGMEC与国际海底管理局（International Seabed Authority，ISA）签订海域勘探合同，在南鸟岛周边的专属经济水域内进行资源量和环境调查的同时，研究基础的生产技术。这个合同确保了日本到2029年1月为止的15年间的专属权益。今后日本将根据与ISA的探测规则，在2021年进行第一次矿区缩小（钴矿缩减），到2023年12月为止，实现矿区的最终缩小，并继续加强采矿、扬矿、选矿、冶炼技术的试验和矿区海域的环境基础调查。在此基础上，根据国际形势、市场化等外在因素，到2028年底，确定商业化的可能性。

锰团块是直径2～15厘米的铁、锰氧化物的球形或椭圆形块状物，含有铜、镍、钴等有用金属，分布在水深4000～6000米的大洋底的沉积物上，特别是在夏威夷海域和印度洋的深海底广泛分布。2001年6月，日本深海资源开发株式会社与ISA签订了夏威夷深海海底勘探合同。根据此合同，确保了日本到2016年6月为止15年间的排他性权益。由于开发规则尚未完善，2016年7月，该勘探合同允许延长5年，截至2021年6月。日本将继续根据ISA的探查规则进行资源量调查和环境调查等。

稀土泥在海底呈黏土状的堆积物分布，日本在南鸟岛附近大陆架海底发现存在富含稀土的泥矿。稀土是高精尖产业不可缺少的原材料，且国际上生产的国家有限，日本一直在寻求更稳定的供给来源。自 2013 年开始，日本在南鸟岛周边排他性经济水域实施稀土泥分布状况调查，并于 2016 年整理形成《稀土堆积物的资源潜在评价报告书》。2018 年开始，基于该报告书，日本正推进基础生产技术研究[資源エネルギー庁（资源能源厅），2019c]。

二、海洋可再生能源

日本国土狭窄多山，陆上能建造发电站的地方有限。近年来，随着陆上风电的开发，适用地不断减少，利用海域进行海上风力发电备受瞩目。海上风电的大规模开发除了能缓解国民负担和可再生能源进口依赖外，对本国关联产业也有积极带动作用。但由于日本周边海底地形急剧加深，且台风和地震频繁，使得海上风电开发自然环境较为严峻；加之长期以来除港湾区域外，缺乏一般海域的统一占用规则，各都道府县相关条例仅规定 3～5 年的短期海域占用许可，同时也缺乏与海运和渔业者等其他海域利用者进行调整的机制，限制了日本海上风电的导入与发展。

截至 2018 年 8 月，日本海上风力发电的导入量约为 2 万千瓦（20 兆瓦），与 2030 年预期引进风电 1000 万千瓦，其中陆上风电 920 万千瓦，海上风电 80 万千瓦，实现风力发电占电源构成比率 1.7%的目标还存在较大差距。日本风力发电成本为 13.9 日元/千瓦时，约为世界平均风力发电成本（8.8 日元/千瓦时）的 1.6 倍，风力发电还未得到充分普及[資源エネルギー庁（资源能源厅），2018a]。但是，日本处于海上风电环境评估的项目达到 540 万千瓦（5400 兆瓦），企业海上风电开发较为积极[資源エネルギー庁（资源能源厅），2018b]。

2019 年 4 月，日本《可再生能源海域利用法》发布实施，制定了关于海洋再生能源发电的基本方针，要求指定促进海洋再生能源发电事业利用的海域，明确了与先行利用者协调的框架，建立海域占用相关程序，并确定经营者最多可获得 30 年的海域占用许可，为海上风电发展营造了良好的环境。同年 7 月，为指定风电发展促进海域，日本梳理了海上风电进入准备阶段的 11 个区域，并将秋田县能代市、三种町及男鹿市海域，秋田县由利本庄市北侧及南侧海域，千叶县铫子市海域，长崎县五岛市海域等 4 个海域作为最有发展前景的区域，计划尽快进入相关程序。可以预见，海上风电将在日本逐步普及。

关于波浪发电、潮流发电、海流发电、海洋温度差发电等海洋能源，目前存在发电成本较高，缺乏进行商业化应用的长期可靠数据。日本将根据以往研究成果，继续致力于经济性改善、可靠性提升等技术研发、实证试验和环境整备工作。在电力供给成本高的离岛上，致力于进行有关可再生海洋能源的长期验证研究，与此同时谋求与离岛振兴对策的合作。

三、造船业

日本造船业是对地域经济和就业做出贡献的重要产业。与海运业、船用工业相互紧密结合形成海事产业集群。2000 年前，日本新造船建造量世界占有率平均在 40%以上。2000 年后，随着世界经济的繁荣，海上货物运输量大幅增加，船舶建造需求剧增，中国、韩国迅速扩大了建造能力。2010 年中国超过韩国成为首位，日本的市场占有率下降到 19%。2011 年世界新造船建造量（建造竣工量）达到了10150 万吨，达到顶峰。另外，受 2008 年金融危机影响，全球经济减速停滞，世界新造船订单锐减，海运船舶数量过剩，世界造船业面临严峻形势，2011 年后新造船建造量显著下降。在这种情况下，日本凭借向高性能、高品质船舶建造回归，保持着较为稳定的状态。2018 年，日本船舶建造总量为 1453 万吨，同比增长 5.3%，市场占有率已有所提升，接近 25%（国土交通省，2009，2019a）（图 2.3）。

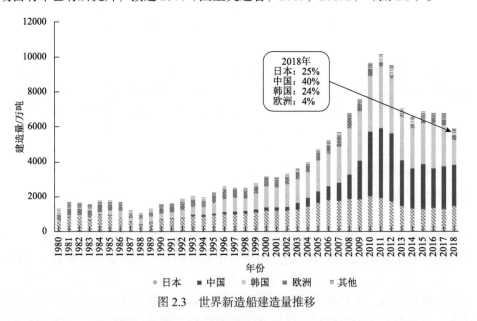

图 2.3　世界新造船建造量推移

目前，日本正在大力推进由"i-shipping""自动运航船""j-ocean"所构成的"海事生产性革命"。①"i-shipping"即通过技术革新提升造船、海运的竞争力。在船舶设计工序中，构筑人工智能（AI）设计支持系统，减轻生产设计者负担，提升生产效率化；利用信息与通信技术（information and communications technology，ICT）实现生产技术创新，开展造船业和船用工业协调协作调查，谋求船舶建造过程和整体供应链的生产性提高；通过活用物联网（internet of Things，IoT）和大数据，大幅改善船舶航行安全性，构筑新型船舶检查测度制度，谋求船舶航行更加高效化。通过上述措施，旨在到 2025 年实现日本船舶建造量占世界份额扩大到30%。②提升海上物流效率的自动运航船。推进先进技术实证和环境建设。为制定自动运航船所需技术（自动操作船、自动离着码头等）的安全要求，进行相关数据收集。根据所获得的数据，由国际海事组织（IMO）主导制定相关国际规则。旨在到2025年实现自动航船的实用化，减少人为失误引起的海难事故，改善船员劳动环境、提高岗位魅力，重新确立日本造船和船用工业的竞争优势。③"j-ocean"旨在提高海洋开发领域的技术力、国际竞争力，进一步拓展造船和船用工业市场，增加市场份额。在海洋石油、天然气开发领域，将根据石油企业相关需要，开发电气系统设备包装技术并形成相应标准规格。在海上风电领域，着手降低浮体式海上风力发电设施建造成本并建立合理的安全评价方法。继续推进建立关于自主式水下航行器（autonomous underwater vehicle，AUV）的指导方针，确立国内先进海洋技术市场（国土交通省，2019a）。

四、港湾业

日本观察海上交通动向时，通常将作为基础设施的港湾以及港湾间的海上交通网络与船舶所进行的海上运输分开来看。四面环海的日本，海外贸易很大比例由海上运输担负，且海上运输在国内地域间的物流、交流中也担负着重要作用。其中，港湾基础设施是海外贸易的大门，同时也作为企业活动的重要场所，支撑着日本产业的发展。日本港湾主要分为四类：国际战略港湾是国际海上货物运输网络的重要据点，并具有连接国际海上货物运输网络和国内海上货物运输网络功能，包括东京、横滨、川崎、大阪和神户5个港湾；国际据点港湾是国际战略港湾以外的国际海上货物运输网络的据点港湾，包括室兰、苫小牧、仙台-盐釜、千叶、新潟、伏木-富山、清水、名古屋、四日市、堺泉北、姬路、和歌山-下津、水岛、广岛、下关、德山-下松、北九州、博多等18个港湾；重要港湾是国际战略港湾及国际据点港湾以外的港湾，是海上运输网络的基地，共有102个。此外，日本还有多达807个的地方港湾（含35个避难港）（国土交通省，2019b）。日本集装箱码头中，水深16米以上泊位共有16个（东京港1个、横滨港6个、名古屋港2个、大阪港1个、神户港6个）。其中，2015年4月开始使用的横滨港南本牧MC3集装箱码头，水深达18米，是日本水深最大的泊位。

2020年前，全球集装箱运输量呈逐年增加的趋势，在中国及东南亚各国进出口额不断增加且大型港湾建设背景下，亚洲港湾的集装箱运输数量明显增长。中国的上海港、深圳港，东南亚新加坡港，韩国釜山港等港口集装箱吞吐量大幅增加，中国香港港口集装箱吞吐量虽呈现减少趋势但也依然处于高位水平，与之相比，日本港湾则保持在低水平，主要港湾集装箱吞吐量排名日益下降（国土交通省，2019c）（图2.4）。近年来，世界经济构造发生着快速且持续的变化。中国、印度、中南美地区等新兴市场持续扩大，在劳动密集型产业的转移促进下，东南亚地区同时作为生产基地和消费市场快速发展。此外，在国际运输方面，由于集装箱船的大型化，巴拿马运河和苏伊士运河的扩张，北极航线的开发动向，中国的"一带一路"倡议等全球规模的物流重组，以及亚洲对邮轮需求的急剧增加等将促使港口运输发生重大变化。加之，以 IoT、AI 等信息通信技术为代表的第四次产业革命进展迅速，影响着包括物流环节在内的整个供应链。在日本国内，随着今后更加快速的少子老龄化和人口减少，预计包括港湾业在内各种领域的劳动力不足会越来越明显。为维持《巴黎协定》减排目标，日本面临向低碳社会的过渡，将彻底推进节能化和扩大对环境负荷较小的能源利用。此外，日本还面临根据灾害重新评估结果进行港湾调整的紧迫性以及港湾基础设施老化的问题。

1980年世界港口集装箱吞吐量排名

排名	港名	吞吐量
1	纽约	195
2	鹿特丹	190
3	香港	146
4	神户	146
5	高雄	98
6	新加坡	92
7	圣芬	85
8	长滩	82
9	汉堡	78
10	奥克兰	78
13	横滨	72
18	东京	63
39	大阪	25
46	名古屋	21

2018年世界港口集装箱吞吐量排名

排名	港名	吞吐量
1	上海	4201
2	新加坡	3660
3	宁波-舟山	2635
4	深圳	2574
5	广州	2187
6	釜山	2166
7	香港	1960
8	青岛	1932
9	洛杉矶/长滩	1755
10	天津	1601
29	东京	511
58	横滨	303
64	神户	294
68	名古屋	288
77	大阪	240

2018年日本港口集装箱吞吐量排名

排名	港名	吞吐量
1	东京	511
2	横滨	303
3	神户	294
4	名古屋	288
5	大阪	240
6	博多	103
7	那霸	59
8	清水	57
9	北九州	55
10	苫小牧	34
11	仙台-盐釜	28
12	广岛	28
13	四日市	24
14	新潟	23
15	水岛	18
16	川崎	15
17	德山-下松	14
18	鹿儿岛	14
19	三岛川之江	11
20	志布志	10

图 2.4　日本港口集装箱吞吐量世界排名变化情况

在国内外剧烈变化的环境下，日本为加强国际竞争力，创造和维持就业岗位，将港口作为新的物流、产业据点重生，大胆地利用新技术进行变革。港口在 2030 年发挥三大作用：连接日本列岛与世界的开放性港湾"Connected Port"、创造新价值的空间"Premium Port"、引导第四次产业革命的平台"Smart Port"。为此，日本面向 2030 年形成 8 大支柱性措施：①构筑支撑全球价值链的海上运输网。提升东南亚航线战略定位，维持和扩大连接日本与欧美等世界主要市场的远程基干航线的停靠港，完善南美洲、非洲等多方面、多频度的直航服务，深化和加快推进软硬件一体的国际集装箱战略港湾政策，推进"集货"（加强国内外货物集成）、

"创货"（推进临港产业集成，提升港湾周边流通加工能力）、"强化竞争力"（加大政府投资，提升集装箱深水码头功能）等三大措施。②构建可持续、创造新价值的国内物流体系。加强陆海联运、岸壁标准化建设；促进国际集装箱终端与内贸装载终端衔接；提升人工智能技术在装卸、航行上的应用水平等，飞跃性提高国内航线、滚装式集装箱船（RORO）航线和国际航线的运输生产率。③日本列岛的邮轮岛建设。日本将依托日本列岛有关港湾官民联合建设国际邮轮基地，形成广泛的邮轮岛，增加邮轮靠港数量和国际轮渡航线，旨在形成可与加勒比海、地中海等邮轮市场匹敌的"东北亚邮轮枢纽"。④构建具有品牌价值的空间。充分利用各种观光资源，基于海洋视角建设富有魅力的港湾空间。增加步行空间，优化港湾水域与腹地城市、自然的交通连接性，创造兼顾防灾的舒适"款待空间"。⑤形成新型能源与资源接收及供给据点。为促进与液化天然气（LNG）、氢等临海能源产业的引进，考虑灾害风险的分散以及供应链的坚韧化，进行大型船只接收据点岸壁整备、货物处理设施整顿，实现软硬件一体化完善提升。⑥港湾、物流活动的绿色化。2016年10月，国际海事组织（IMO）决定从2020年开始强化船舶燃油中的硫含量限制（从3.5%以下强化到0.5%以下），预计以LNG为燃料的船舶将增加。是否拥有LNG船舶燃料供应据点将成为左右港口国际竞争力的重要因素。日本是世界上最大的LNG进口国，将在完善现有LNG基地的基础上，新建伊势湾-三河湾以及东京湾的两项LNG项目，同时与世界最大的重油储备港新加坡联合，推进LNG国际网络的建设，在亚洲地区先导性地建立LNG包围据点。⑦利用信息通信技术推进港口智能化、坚韧化。在实现港口信息和贸易手续完全电子化处理的基础上，拓展以港口信息为核心的新商务服务。结合AI、IoT、自动化技术，形成具有世界最高水平的生产性"AI终端"，确保最佳的劳动环境。推进岸壁和临港道路的抗震化，构建迅速提供避难引导和受灾信息的灾害信息系统。⑧港口建设与维护管理技术的变革与海外发展。日本港口基础设施今后将迎来大规模更新期，在切实建设和维护管理设施时，通过应用机器人技术和信息通信技术，推进工作方式改革，彻底提升港口生产效率；同时，活用本国港口建设、维护与运营经验技术，推进技术基准等国际标准化，推进高品质的港湾基础设施系统的海外输出与发展（国土交通省，2018）。

五、航运业

在日本，包括原油、煤炭、铁矿石等主要资源，衣食住行在内的国民生活的基本原材料都依赖于从海外进口。海上交通担负着日本在国际货物运输（基本吨）的99%，在国内货物运输（基本吨）的44%，以及部分国内外旅客运输，成为支撑国民经济的基础。关于航运业，日本将其分为承担国际运输的外航运输业和承担国内运输的内航运输业。

（一）外航运输业

近年来虽然有燃油价格上升等负面因素，但在以美国、中国等为中心的全球经济复苏背景下，整体来看，海上货物运输量有所增加，外航运输业环境得到改善。2017 年世界海上货物运输量为 115.87 亿吨，比 2016 年增长 3.9%，日本商船队运输量为 9.77 亿吨，约占世界海上货物运输量的 8.43%，占世界海上货物运输量比重呈下降趋势（图 2.5）。

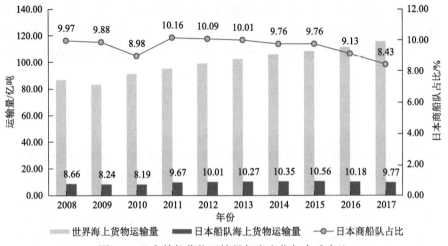

图 2.5　日本外航货物运输量年度变化与全球占比

进口途径多数通过海峡和运河等，尤其马六甲海峡是船舶交通世界屈指可数的国际海峡，对日本来说也是 80% 进口原油通航的极其重要的海峡。2016 年 6 月巴拿马运河扩建航道开通，使得至今为止无法通航的大型集装箱船和 LNG 船等都可以通航。2018 年 7 月，日本国土交通政务官与巴拿马运河厅长官举行了会谈，就能源运输交换了意见，要求巴拿马放宽液化天然气（LNG）运输船的通行限制，确保运河的稳定适应。此外，日本在收集有关北极海航线信息的同时，召开北极航线官民联合协议会，加强北极航行信息共享，加强解决通航、航行条件和费用修订手续透明化等方面课题。

2017 年，日本出发和到达的国际旅客运输途径中，航空占国际旅客运输量的 95.6%，海运仅为 4.4%。从外航旅客定期航线来看，到 2018 年 4 月为止，韩国、中国及俄罗斯之间有 13 家公司共 8 条航线。2017 年这些定期航线的使用人数为 143.9 万人，比 2016 年增加 16.5%。定期航线中，日韩航线的使用者份额超过了 99%。除了定期航线外，外航邮轮也是日本外航旅客运输的重要方式（图 2.6）。2017 年世界邮轮乘客数量约为 2670 万人，是 1990 年的 5.7 倍左右。其中日本籍乘客数量为 31.5

万人，仅占世界数量的约 1%，与作为邮轮发达国家的美国（约 1194 万人）相比存在巨大差距。近年来，在日本随着外国船公司船只数量的增加，日本籍乘客数量呈现增加趋势。2017 年日本外航邮轮中，日本籍乘客数量达 19.68 万人，同比增长 27.5%，创下历史最高纪录。日本在 2016 年 3 月总结的"支撑明日日本的观光愿景"中，提出访日邮轮旅客数量在 2020 年达到 500 万人的目标，为此，日本将持续推进邮轮接收环境的改进以及以地方"港口"为核心的城市建设，大力推动旅游振兴。

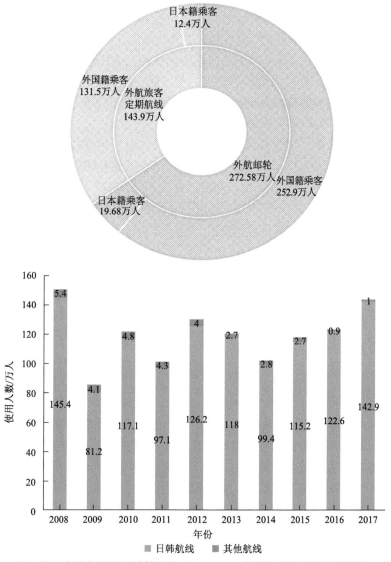

图 2.6　2017 年日本外航旅客运输情况与 2008～2017 年外航旅客定期航线使用人数推移

（二）内航运输业

2017 年日本各交通模式的分担率中，内航运输约占国内物流总量的四成，占产业基础物资运输的八成，是支撑日本经济、国民生活的基础运输设施，与渡轮并列成为海上移动的重要载体。2017 年内航货物运输量为 1809 亿吨，与 2016 相比减少 1.2%，基本保持平稳。但是日本由于经济增长停滞、国内竞争加剧、企业经营合并等多因素影响，以产业基础物资为重点的运输需求长期处于下降倾向。截至 2018 年 4 月 1 日，内航运输运营商为 3461 家（其中停止运营 476 家），其中 99.6%为中小企业。从事内航运输的船舶，近 10 年来船舶数量减少了 12%，另外，由于船舶大型化，总吨数增加 6%，平均每艘船达到 727 总吨（GT）。但是船龄在法定耐用年数（14 年）以上的船舶占全体的七成，船员也呈现老龄化倾向。2017 年 6 月日本制定内航未来创造计划，把"确保稳定运输"和"提高生产率"作为重点，通过完善内航海运事业基础、开发普及先进船舶、确保船员稳定有效培育等诸多措施，促进内航运输业发展。

从日本国内旅客运输量叠加运输距离来看，2017 年度各交通机构的分担率为：铁路 76.2%、航空 16.4%、巴士出租车 6.8%、客船 0.6%。近年来，内航客运量持平，2017 年度以人为基准叠加运输距离为 31 亿 9072 万人·千米，营业收入约为 2687 亿日元，比 2016 年增加 160 亿日元。截至 2018 年 4 月 1 日，内航旅客运输船舶为 221 艘，同比减少 25 艘。

离岛航线作为连接离岛与日本本土的重要生产及生活物资运输手段发挥着重要作用。随着少子老龄化的推进，人口减少等原因，近 20 年来离岛航线的使用人数减少了约三成。2017 年度末的离岛航线数为 295 航线。1/3 的离岛航线事业由公营或者第三部门的经营者运营，2017 年度的经常收支率为 96.4%。离岛航线经营者多数处于严峻的经营状况，目前日本通过对 120 条航线经营者进行国库补助，来维持离岛航线（国土交通省，2019a）。

六、旅游业

旅游业是日本经济增长的一大支柱产业。日本没有单独核算滨海旅游，作为海岛国家，其国家旅游情况和政策在很大程度上能够表征滨海旅游的发展现状和趋势。日本政府将旅游业定位为地方创生的王牌和国家成长战略的支柱，近年来实行了前所未有的大胆改革措施，如战略性签证缓和，面向访日外国游客的消费税免税制度的扩展，完善 CIQ[海关（customs），出入国审查（immigration），检疫（quarantine）]体制，完善航空、铁路、港湾等交通网络，加强观光宣传等，极大促进了旅游业发展。

从国际旅游来看，自 2012 年 12 月安倍晋三首相上台执政后，日本的国际观光业迎来了前所未有的高速增长时期，在各级政府通力合作、官民共同参与下，访日外国游客人数连续 6 年增长，2018 年为 3119 万人，比 2012 年的 836 万人增长了约 3.7 倍，达到历史最高。按国籍或地域区分来看，日本国际观光业 2018 年在其 20 个主要市场中除了中国香港以外的 19 个市场均创下了历史最高纪录。来自亚洲的访日外国游客为 2637 万人，比前年增长 8.3%，亚洲访日外国游客占全体的比例为 84.5%。日本与韩国、泰国等国的航班数量增加等因素激起了访日需求。2018 年中国大陆访日游客达 838 万人，首次超过 800 万人，位居第一。韩国、中国台湾、中国香港分列第二、三、四位。东盟主要的 6 个国家（泰国、新加坡、马来西亚、印度尼西亚、菲律宾、越南）的访日外国游客总数为 333 万人，首次超过 300 万人（图 2.7，图 2.8）。2018 年访日外国游客旅行消费额约为 4 兆 5189 亿日元，比 2012 年增长了 4.2 倍。按国籍或地区来看，中国大陆为 1 兆 5450 亿日元（占比 34.2%），其次韩国为 5881 亿日元（占比 13.0%），中国台湾为 5817 亿日元（占比为 12.9%），中国香港为 3358 亿日元（占比为 7.4%），美国为 2893 亿日元。

从国际会议召开次来看，日本 2018 年国际会议举办个数为 492 个（比上年增加 18.8%），仅次于意大利，位居世界第七位。另外，在亚洲主要国家的国际会议的召开次数中，日本的市场占有率为 30.3%，继续保持亚洲地区的第一位。

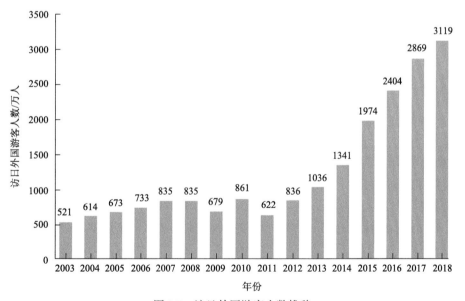

图 2.7　访日外国游客人数推移

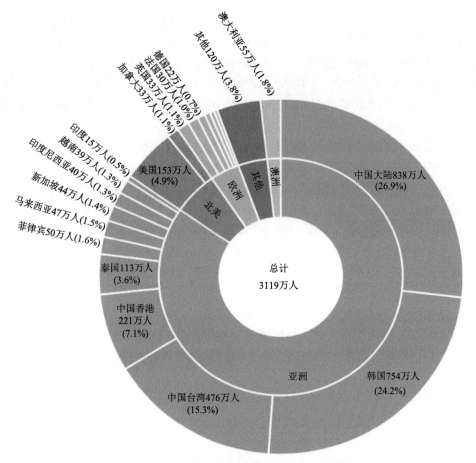

图 2.8　2018 年访日外国游客国别或地区构成情况

　　从日本国内旅游来看，2018 年日本国民人均国内住宿旅游的次数为 1.30 次，国民人均住宿为 2.14 夜。2018 年国内旅游消费额为 20.5 兆日元（比前一年减少3.0%），其中住宿旅行消费额为 15.8 兆日元（比上年减少 1.7%），当日往返旅行消费额为 4.7 兆日元（比上年减少 7.0%）。受暴雨、地震、台风等灾害影响以及酷暑等天气因素影响，住宿旅行、当日往返旅行都有所减少。

　　日本推行"观光立国"战略，通过吸收以亚洲为首的快速增长的全球旅游需求，强化国内外的人口交流，以在人口减少、少子老龄化背景下，维持和增强地域活力、促进社会发展。与此同时，基于双向交流，加深国家间的相互理解，巩固日本的国际社会地位。2016 年 3 月，日本"支撑明日日本的观光愿景"提出观光旅游新目标：访日外国游客人数 2020 年达到 4000 万人，2030 年达到 6000 万人；访日外国游客旅游消费额 2020 年达到 8 兆日元，2030 年达到 15 兆日元；日本国内旅行消费额 2020 年达到 21 兆日元，2030 年达到 22 兆日元（国土交通省，2019d）。

七、海洋渔业

日本周边海域地形复杂且位于寒暖流交汇处，是世界范围内生物多样性极高的海域，世界上 127 种海生哺乳类中有 50 种栖息于此，15000 种海水鱼中大约有3700 种（其中日本固有物种约 1900 种）栖息于此。日本的海洋渔业生产可以分为海洋捕捞（包括沿岸渔业、近海渔业和远洋渔业）和海水养殖业。日本的海洋渔业产量在 1984 年达到顶峰（1282 万吨），但在 1991 年左右开始急速下降，此后持续缓慢减少（图 2.9）。根据日本水产厅的调查研究，近海渔业中，刺网渔业导致沙丁鱼捕获量减少是 1984 年以后渔业产量减少的主要原因。此外，远洋渔业衰退也是日本近年来渔业产量不断减少的重要原因。随着世界各国的渔业资源保护意识的增强，欧美、俄罗斯等地纷纷设定 200 海里专属经济区，加之公海的金枪鱼和鲣鱼的捕捞数量受到限制，日本远洋渔业深受打击。2017 年日本的海洋渔业产量为 424.4 万吨，比 2016 年减少了 5.2 万吨（1.2%）。其中，海洋捕捞量与2016 年基本持平，为 325.8 万吨（远洋渔业 31.4 万吨，近海渔业 205.1 万吨，沿岸渔业 89.3 万吨）；海水养殖业产量为 98.6 万吨，由于养殖扇贝收获量减少等原因，产量比去年减少 4.6 万吨（4.5%）（水产厅，2019）。

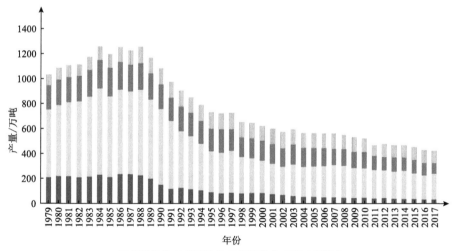

图 2.9 日本 1979～2017 年海洋渔业产量趋势图

由于海洋环境变化造成渔业产量的减少，加之渔民数量减少、老龄化、渔船高船龄化等原因，日本海洋渔业产值在 2012 年前一直呈现长期下降趋势。2013年以后，随着消费者需求较高的水产品种养殖产量的提升，渔业产值开始逐渐增加。2017 年，日本海洋渔业产值为 1 兆 4878 亿日元，其中海洋捕捞产值为 9628亿日元，与 2016 年基本持平；海水养殖产值为 5250 亿日元，比 2016 年增加 153

亿日元（3%），藻类产量的增加弥补了海水养殖中扇贝产量的减少造成的产值下降。日本的渔业就业者有减少的倾向，2016 年为 16 万人，平均年龄为 56.7 岁。由于高龄者的退休，预计今后还会继续减少，预测 2050 年左右将减少到约 7 万人（水产厅，2018a）。

日本渔业管理体系分为渔业权渔业和许可渔业两大类。关于沿岸渔业、养殖业，由于在有限的水域内有大量的渔业者经营着各种各样的渔业，为防止和解决渔场使用纠纷，适当地进行资源管理，给予经营者一定海面上可以排他经营的渔业权；对于以广阔水域为渔场的近海渔业、远洋渔业，在一定的区域或期间内许可特定人员进行作业管理，分为知事许可渔业（由都道府县知事许可在都道府县近海作业的渔业）和大臣许可渔业（由农林水产大臣许可在多个县的海上和国外海域作业的渔业）。面对海洋环境变化，渔业生产量减少，渔业就业者老龄化以及周边水域外国渔船生产活跃化等诸多问题，2018 年 6 月，日本修改了《农林水产业·地域活力创造计划》政府方针，将"关于水产政策的改革"放在重要位置，提出要兼顾水产资源的适当管理和水产业的成长产业化，以提高渔业者的收入和确立年龄平衡的渔业就业结构为目标，实施水产政策改革，进行必要的《渔业法》修订等。《修改渔业法等一部分的法律方案》已经过国会审议，于 2018 年 12 月成立并公布。水产政策改革措施主要包括以下内容（水产厅，2018b）：

（1）新资源管理系统的构筑。扩充资源调查，活用各类水产资源相关数据，提高资源评价精度；根据资源评估，有序扩大总可捕获量（TAC）管理对象鱼类，在不突破最低限度的必要水平下，以维持和恢复资源、稳定及增加捕获水平为目标，科学设定年度目标鱼类的 TAC；从大臣许可渔业开始逐步导入个别配额制度（IQ），根据捕鱼实际成绩等因素，将 TAC 合理分配给各船舶，且分配量的转移仅限于船舶转让等特定情况。此举在明确责任，能够进行可靠的数量管理的同时，有利于促进作业效率和实现经营稳定，避免过度竞争。此外，日本也计划推进海外渔业合作，大力推动相关捕鱼国形成适当的捕鱼量限制，实现海外渔场的稳定作业。

（2）重新审视有助于提高生产率的渔业许可制度。为打造对年轻人有吸引力的渔业，提高渔船的安全性、居住性和工作性以及实现渔船的大型化是必要的，日本今后对于 IQ 严格管理的船舶，将有序放宽船舶规模的限制措施。此外，为提高渔业的生产率，日本修改许可体系，将大臣许可渔业从 5 年开展一次许可转变为灵活进行的新许可制度。

（3）重新审视有利于养殖和沿岸渔业发展的海面利用制度。日本将继续维持渔业权制度，但为顺利扩大养殖业的规模，保障新增渔业发展，日本计划将渔业权授予过程透明化、权利内容明确化。沿海县在最大限度利用海面的情况下，可以积极推进新区划的设定。在渔业权续期申请时，废除按照法定优先顺序许可的机制，新规定要求如果拥有渔业权的从业者适当且有效利用了水域，则允许继续获得许可；没有渔业权的既存渔业者，将综合考量其对地区水产业的贡献程度来确定是否许可。

（4）有助于提高渔民收入的流通结构改革。为应对国内外需求，日本将大力提升物流效率、活用信息与通信技术（ICT）、强化品质和卫生管理、实施可追溯性制度、完善出口环境等。此外，日本在继续致力于东日本大地震灾后修复和复兴的同时，对于维持福岛核电事故进口限制的国家和地区，将积极推动限制撤销与缓和，并简化和加快出口卫生证明文件的办理手续。

日本水产政策改革架构见图 2.10。通过这些措施，提高渔业者的收入，丰富海滨利用功能，将渔业打造成对年轻人有价值、有魅力的产业。

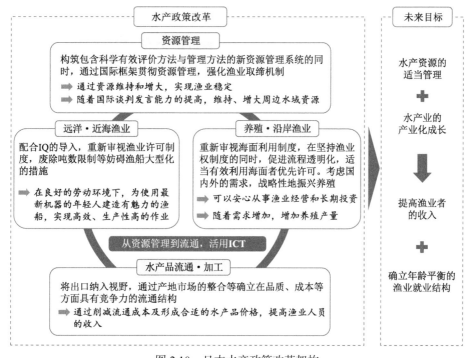

图 2.10 日本水产政策改革架构

第三节 日本海洋经济面临形势与发展动向

一、日本海洋经济面临形势

近年来，日本社会经济各领域的共同形势变化包括人口减少、少子老龄化、全球化进程以及 IT 领域等技术革新的加速化。据预测，日本人口在 2050 年左右将减少到 1 亿人，到 2060 年左右，处于 15～64 岁的生产年龄人口比例预计会下降约 5 成，而世界人口在 2050 年将达到约 100 亿人（United Nations and Department of Economic and Social Affairs，2017）。特别是由于非洲、印度、东南亚等国家或地区人口大幅增加与经济发展等因素，预计以食品、能源为首的各种资源保障风险会进一步提升。加之，日本周边各国海洋权益意识日益强化，日本面临更大的经济安全保障威胁和风险。海洋产业发展领域，日本国内海洋产业处于油价低迷、船舶载运量过剩的严峻发展环境，面对欧洲海洋可再生能源利用扩大趋势，日本新兴海洋资源和海洋能源开发期待日益高涨。同时，全球水产品需求高涨也增加了日本对于水产资源减少的担忧。在这样的状况下，确保食品、资源的供给稳定性，谋求产业强化和增长维持，持续保持日本国力的重要性日益凸显。为此，日本在第三期《海洋基本计划》中明确未来一段时间海洋产业利用政策方向：活用大海，丰富国家，把富饶的大海传给子孙。日本将在确保海洋权益基础上，最大限度地开发利用其周边海域，推进海洋资源开发与再生能源利用，振兴、培养健全的海洋产业，推进海洋环境保护，争取凭借自身力量保障资源和能源安全，应对"新海洋立国的挑战"（首相官邸，2018）。

2020 年初新冠疫情暴发并呈全球蔓延态势，全球需求大幅下降，供应链断裂，世界经济面临着巨大危机。由于疫情影响，以外向为主、内向消费为特征的日本经济遭到了多重打击和重创，消费、生产、进出口均急速下降；企业投资热情降低；就业形势表现出趋弱动向；2020 东京奥运会延期，访日外国游客人数骤降，"观光立国"政策推进受阻。作为外向型产业，日本的旅游业、港湾业、航运业、海洋油气业、造船业和水产业等多个行业受到严重冲击。

在这种情况下，2020 年 4 月 20 日日本内阁会议决定实施"新型冠状病毒感染症紧急经济对策——保护国民的生命和生活，实现经济再生"（首相官邸，2020）。该经济对策分为两个阶段。一是在新冠疫情平息之前的"紧急支援阶段"，在实施疫情防控措施、完善医疗提供体制、加大药物开发以控制疫情的同时，以创设补助金制度为首，动员财政、金融、税收等所有政策手段，维持就业、事业和生活，为下一阶段经济复苏打下坚实的基础；二是疫情收敛后刺激需求和推进社会变革的反攻策略，推动日本经济回到稳定增长的轨道，即所谓的"V 字恢复阶段"，主要措施包括：①经济活动恢复。重点针对观光、运输、饮食、活动、娱乐等受此次疫情影响较大的领域，采取对国民广泛有益的短期集中支援政策，大胆唤起消费，恢复经济活力；在推进环境整备、提升景观魅力的同时，为恢复访日外国游客需求开展面向海外的大规模宣传活动；强化对农林水产业的经营支援，激发地域经济活力。②构筑坚韧的经济结构。将此次疫情危机转变为加速社会变革的契机，着眼于未来潜在疫情风险构筑坚韧的经济和社会结构，实现中长期性的持续发展。日本将在疫情结束后，支援面向海外的洽谈和推广，积极争取外需，确保海外企业顺利发展。但是从保障经济安全角度出发，日本将通过发放政府补助大力支持国家高依赖度产品、材料等生产企业的国内回归，同时通过提高国内相关生产企业的补助水平、支援东盟各国产品和材料生产等措施，多元化构建坚固的供应链。此外，日本将重点推进数字新政，加快在疫情中发展需求显著化的电传工作、远程教育、远程诊疗、药物指导等远程化和数字化措施，加速"Society5.0"的实现，同时也推进全社会向脱碳社会转变。

二、日本海洋经济主要发展动向

综合考虑近年来日本海洋经济发展现状与趋势、新冠疫情防控下的国际形势变化以及日本相关政策内容，做出以下关于日本海洋经济发展的动向判断。

（一）加大海洋经济恢复与振兴力度

海洋经济稳定健康发展是日本"海洋立国"战略的基础，是社会经济发展的重要支撑力量，攸关日本国运。日本旨在通过激发海运、水产、资源开发等各类海洋活动的活力来确保国家经济安全；通过扩大日本周边海域的经济活动，为实现经济增长和确保海洋权益做出贡献，进而提升国际谈判能力。虽然，日本海洋经济受新冠疫情冲击巨大，但基于日本国情考虑，疫情趋缓或结束后，日本政府预期将强有力地继续推行进取性海洋经济战略，通过实施积极的财政政策，实施兼顾海域管理和可持续开发利用的海洋政策，加大海洋经济的恢复与振兴力度，最大限度地挖掘海洋所具有的经济、社会潜力。

（二）注重维护多边贸易体制

受资源禀赋、地质变动以及潜在环境成本的约束，特别是 2011 年东日本大地震之后，"全球化经营"成为日本企业的普遍选择。虽然近些年中国 GDP 已经超越日本，但是综合考虑其海外资产规模和技术创新水平，日本可能还有相当大的影响力。截至 2018 年底，日本的海外资产规模已达 1018 万亿日元，悄然构建起庞大的海外"日本经济"。这种领先世界的全球化水平让日本更倾向于维护多边体制，以维护和实现其海外利益的最大化。近些年，日本多边贸易战略也取得一系列新进展。全面与进步跨太平洋伙伴关系协定（CPTPP）、欧盟-日本经济伙伴关系协定（EPA）、日美贸易协定先后生效，日本在全球范围内的机会正在扩大。截至 2019 年 6 月，日本贸易自由化率（已签署或生效自由贸易协定对该国贸易的覆盖率）达 51.6%，仅次于韩国（67.9%），位居世界第二位，成为多边贸易和自由贸易的旗手。因此，在新冠疫情影响下，即便世界经济进入逆全球化潮流，日本也会在适度保障经济安全的前提下，基于国家根本利益积极维护多边贸易体制，继续推进自由贸易，持续推进国内产业的高附加值化。如同时任日本首相的安倍晋三在 2018 年 10 月的国会演讲中强调的，日本要积极"开创新时代的规则"，建立适应新时代的公正规则，以规则优势推进多边贸易战略。

（三）强化东南亚战略布局

拓展伙伴关系，在东盟、印太加深影响，赢得海洋竞争先机，已成为全球发展趋势。为确保日本海洋利益，安倍政府提出"自由与开放的印太战略"，后出于对华考量改称为相对缓和的"印太构想"①，获得了东盟国家一定程度的支持。近年来，除海上防务合作、武器输出等传统手段外，日本基于对中日政治经济以及东亚各国要素禀赋优势转变的考量，在东南亚各国采取"经济挂帅"战略，大幅增加对菲律宾、新加坡、泰国等主要东南亚国家的直接投资，加强港湾基础设施的海外输出与发展；提升东南亚航线战略定位；联合新加坡推进 LNG 国际网络的建设；加大东盟国家访日游客宣传力度等，显著提升了东南亚各国对日本的贸易依存度。新冠疫情后，日本基于经济安全考虑和应对海外"政治风险"，将重新调整海外产业结构及其在东亚地区的布局，预计将进一步多元化支援东盟国家的发展。日本在深化东南亚经济布局同时也逐渐加强了与这些地区的政治联系，不可避免地对中国海洋强国战略、"一带一路"倡议、海洋安全交通要道等方面带来多重竞争和干扰。

（四）关注地方创生与发展

进入 21 世纪以来，随着少子老龄化的加速与东京等巨型城市的膨胀，除三大都市圈（首都圈、中京圈、近畿圈）外，日本地方普遍出现发展萎缩问题，主要表现为人口减少、老龄化加剧、劳动力严重不足、产业衰退、生活环境恶化等，"地方萎缩"已成为制约日本经济社会发展的严重问题。日本政府近年来改变既有地方市场保护模式，积极鼓励"地方创生"，以因地制宜激活"地方"特色产业为核心，在与海外市场的对接中寻求产业重构的机会，扭转"地方萎缩"局面。具体到海洋领域，日本将继续加大地方政策支持、鼓励国际合作，通过整备地方港湾环境；支援渔业再生活动，综合推进渔港、渔场、渔村的建设；将旅游业定位为地方创生的王牌，挖掘海洋观光资源与教育资源，打造渔村滞留型旅行模式等途径鼓励地方创生。

（五）重视科技研发与成果应用

日本高度重视科技研发与成果应用，依靠科技进步推动海洋经济发展与产业

---

① http://www.sjsc.org.cn/2019/1127/xinwenzhongxin/8327.html。

结构升级，在深海采矿、海上可再生能源、造船业、海洋生物等领域科技水平位居世界前列。近年来，日本为了克服人口减少、老龄化等引致的海洋领域劳动力不足问题，不断加大无人机、无人探测器、海上中继器等无人装备与技术开发力度，推广海洋调查、观测、监控等省人化、无人化措施；继续推进海洋卫星信息利用，提升海洋观测和船舶航行状况把握水平；利用网络技术、人工智能（AI）、大数据分析技术等推进海洋大数据建设及在气候和海洋监测预测领域的应用，加速实现海洋领域"Society5.0"。

第四节　中日海洋经济合作方向探讨

日本进取性的海洋战略叠加新冠疫情对全球经济安全的冲击，会对我国海洋经济发展产生一定程度的威胁与挑战。我国在汲取日本海洋经济发展经验、掌握其海洋经济发展动向的同时，宜结合疫情防控下的新变化，研究制定与实施有效的应对策略，保障与拓展蓝色经济空间。

一、加快推进中日韩自贸区谈判

在技术创新与资本逐利的持续推动下，新冠疫情并不会全面阻断全球化，未来供应链、产业链可能向区域化、本土化方向发展。中国是世界多边贸易体制的坚定维护者。推进和拓展中日经济关系取得新的、更高层次的发展，符合双方多边贸易战略的目标和利益诉求。日本虽然总体战略不会脱除与美欧的亲和性和同盟关系，但是不得不以新冠疫情引起的日趋严峻的反全球化潮流形势、以中国不断走向强大和现代化、日趋紧密的中日经济关联等事实为前提，理性地设定对华方针和战略目标。为了保障区域经济的可持续发展，减缓外部冲击、降低全球贸易保护主义的负面影响，中日韩三国需提升战略信任、审时度势、共克时艰，加快推进中日韩自贸区谈判，培育区域内市场，培育东亚内生性增长动力。谈判或可效仿 2019 年美日贸易协定谈判，考虑搁置利益冲突集中的最敏感领域，探讨与日韩签署阶段性贸易协定的可能性，分阶段实现各方利益诉求，进而促进规制融合的实现。我国则需坚定不移推进更高水平对外开放，进一步改善营商环境，健全高水平开放型经济新体制和外资外贸政策及服务体系，完善涉外经贸法律和规则体系，加快自由贸易试验区、自由贸易港等对外开放高地建设。

二、加强中日蓝色经济合作

日本提出面对"新海洋立国的挑战"，努力寻求国际海洋合作。我国则在党的十九大报告精神指导下，"加快建设海洋强国"，构建"海洋命运共同体"，大力提倡海洋合作交流与资源共治共享。可以预料，未来中日海洋经济在竞争加剧的同时将具备更大的海洋经济合作空间。2019 年 5 月，中日举行第十一轮海洋事务高级别磋商，双方一致同意继续推进海空联络机制、海洋科考、海上搜救、渔业合作、海洋垃圾防治等海洋领域的务实合作。2019 年 12 月举行第八次中日韩领导人会议，中方建议中日韩三方联合发起"中日韩蓝色经济合作倡议"，促进海洋生态保护修复、资源高效利用、海洋新兴产业发展，打造蓝色经济合作平台。我国应与日本在推动防务交流、巩固海空联络机制等传统领域和加强海上搜救等非传统安全领域进行海洋合作，在确立中日建设性安全关系的基础上，因地制宜建立和完善多层次海洋合作与沟通机制，在国际海底区域勘查、海上可再生能源开发（包括风力、波浪能发电等）、港区对接与口岸互通、划界争议海域渔业资源管理、海洋高新技术产业等方面加强与日方的深度合作。此外，支持我国沿海地区建设面向日韩的蓝色经济合作平台、合作示范城市、专属合作区建设，搭建高质量投资合作平台，进一步助推中日韩海洋合作再上新台阶。

三、高质量共建"一带一路"

中国与东南亚地区的合作历史比日本要短，然而自从中国—东盟自贸区成立以来，多边经贸关系发展迅猛，"一带一路"建设又将中国对外合作提升到新的高度，在实践中得到了各国的认可。在当前特殊的历史时期下，共建"一带一路"对沿线国家应对疫情、恢复经济的重要性愈发凸显，是应对全球性危机与实现长远发展的必由之路。2020 年 6 月 18 日，"一带一路"国际合作高级别视频会议在北京举行并发表联合声明，沿线国家将建设健康丝绸之路、加强互联互通、推动经济恢复和推进务实合作作为重点合作内容。因此我们必须有效利用这个平台，坚持共商共建共享，促进与沿线国家在海洋基础设施建设、海上通道互联互通、涉海产业园区、海洋旅游、海洋渔业以及海洋科技等领域的互利合作，强化与东南亚各国的经贸关系。

新冠疫情前，日本政府曾多次就"一带一路"建设做出积极表态，提出"印太构想"与"一带一路"对接的可能性，鼓励日本企业与中国企业加强在"一带一路"范围的第三国市场合作，这为中日经济合作开辟了新的空间，创造了新的增长点。疫情常态化防控及结束后，可大力推进中日第三方实质性海洋合作，发挥中国企业在设备、人力、资金、市场等方面的优势和日本企业在高端技术、先进管理、海外投资经验、国际声誉等方面优势，通过建立第三方市场合作的长效机制，形成专门化合作平台，做好政策对接与风险控制工作，共同推进海洋基础设施建设与投资（如港口、码头等）以及海洋产业合作园区建设与运营，深化海洋经济与产业的合作。

四、打造与升级海洋产业集群

在新冠疫情及中美贸易摩擦造成供应链断裂的背景下，美、日等国家将重新审视其在中国的生产布局，将关注重点从成本和收益转移到规避供应链风险、保障经济安全上来，考虑将布置在中国的部分产业转移到其他国家，进行全球多元化布局，或者将涉及国家安全的产业加速迁回母国，通过本国化弱化供应链中断风险。美国、日本研讨中的产业向国内回归计划一旦成型，将会深度影响国际产业链格局，加速我国产业链对外转移的风险。产业链的内向化演变由于无法获取国际分工的利益将有损于经济效率。为了协调经济安全与经济效率的矛盾，未来产业链条式、集群化发展将是大趋势，全球产业竞争态势将转化为集群对集群的竞争。

党的十九大提出"促进我国产业迈向全球价值链中高端，培育若干世界级先进制造业集群"的要求，十九届四中全会进一步提出要提高"产业基础能力和产业链现代化水平"。为此，必须深化对海洋产业集群的认识，坚持高端高质高效，加大培育海洋优势产业集群力度，通过塑造更加优良的营商环境、针对性招商引技和制定研发投入策略、鼓励集群内产业链上下游企业进行资产重组或业务整合等方式，重点打造若干上下游紧密协同、供应链集约高效、规模达千亿、万亿级的海洋特色产业集群，不断提升国际竞争力。

五、抓住日本"地方创生"的中国机遇

中日两国的经济合作往往集中于大企业、大城市，较少深入"地方"。当前，日本"地方"政府与经营者发展理念转变构成了中日合作走向深化的难得机遇。思考日本地方产业的优势与问题，探寻中日实现双赢的合作模式，有助于中日经济合作的深化与全面化。日本"地方"以高端农业、制造业见长，规模小、水平高、文化底蕴深厚、生产体系成熟，但存在劳动力不足、基础设施维护困难、资金与市场拓展能力有限等诸多问题，难以独自将产品推向世界。我国可利用资金支持、市场拓展方面的优势，通过合资共建等方式展开点对点的针对性合作，参与日本"地方"基础设施营建与维护，开发适合中国市场需求但具备日本品质的产品，同时学习日本生产工艺与基础设施更新经验（丁诺舟，2019）。与农业、制造业合作相比，旅游资源开发合作由于可以直接拉动地方经济增长，因而更受日本"地方"的欢迎。我国旅游企业可积极探寻日本地方独特的旅游资源，参与资源开发与国际市场宣传，增强中日企业间信任关系。

六、加快海洋科技创新步伐

中日经济均面临转型升级、新旧动能转换问题，必须依靠创新培育新动能。

中国提出的"创新驱动发展""互联网+""新基建"与日本"Society5.0"战略都是以创新谋求可持续发展的重大战略举措。新冠疫情在倒逼我国传统产业转型升级的同时，新技术新需求加速催生新业态，以 5G、人工智能、工业互联网、物联网为代表的"新基建"已经成为新亮点。海洋科技创新在海洋强国建设中具有先导作用，因此，加快海洋科技创新步伐，开启海洋新基建，促进海洋产业转型升级理应是我国当下海洋经济发展的重要任务。我国需在推进滨海旅游、海洋交通运输等海洋传统产业的数字化、智能化改造升级的同时，依托"新基建"建设，推进海洋物联网和海洋大数据产业化基地建设；加快发展深海养殖智能仪器装备、水下机器人等人工智能设备；积极推动海洋风电、海洋波浪能发电技术产业化，建立特高压检测创新中心；创建 5G 海洋应用示范基地等。

此外，我国需把握疫情带来的契机，加强中日创新能力开放合作，加大知识产权保护力度，共同营造良好创新生态，打破制约知识、技术等创新要素流动的壁垒，推动中日在 5G、人工智能、大数据、云计算、物联网、智慧城市等领域开展合作。

本章参考文献

丁诺舟. 2019. 日本"振兴地方"策略与中日产业合作机遇. 现代日本经济, 38(3): 1-13.

国土交通省. 2008. 国土交通省の役割. https://www.mlit.go.jp/about/index.html[2020-02-21].

国土交通省. 2009. 世界の新造船建造量の推移. https://www.mlit.go.jp/common/000010137.pdf [2020-03-26].

国土交通省. 2018. 港湾の中長期政策「PORT2030」. https://www.mlit.go.jp/kowan/kowan_ PORT_2030.html[2020-04-30].

国土交通省. 2019a. 令和元年版国土交通白書. https://www.mlit.go.jp/hakusyo/mlit/h30/index. html[2020-03-26].

国土交通省. 2019b. 港湾数一覧、国際戦略港湾、国際拠点港湾及び重要港湾位置図. https://www.mlit.go.jp/common/001403582.pdf[2019-12-05].

国土交通省. 2019c. 世界の港湾別コンテナ取扱個数ランキング(1980 年，2018 年(速報値)). https://www.mlit.go.jp/statistics/details/port_list.html[2019-12-06].

国土交通省. 2019d. 観光白書(令和元年版). https://www.mlit.go.jp/common/001294465.pdf [2020-03-02].

姜雅. 2010. 日本的海洋管理体制及其发展趋势. 国土资源情报, (2): 7-10.

経済産業省(经济产业省). 2013. METI's Mission.https://www.meti.go.jp/english/aboutmeti/data/ meti_mission. html[2020-02-25].

経済産業省(经济产业省). 2020. 組織図(2020 年度). https://www.meti.go.jp/english/aboutmeti/ data/meti_mission.html[2020-02-21].

首相官邸. 2007a. 総合海洋政策本部及び総合海洋政策本部事務局の設置について. https://

www.kantei. go. jp/jp/singi/kaiyou/dai1/siryou1. pdf[2019-12-03].

首相官邸. 2007b. 総合海洋政策本部幹事会について. https://www.kantei.go.jp/jp/singi/kaiyou/
dai1/siryou4. pdf[2019-11-22].

首相官邸. 2018. 海洋基本計画(第三期). https://www.kantei.go.jp/jp/singi/kaiyou/sanyo/dai41/
shiryou2_2. pdf[2019-11-14].

首相官邸. 2020.「新型コロナウイルス感染症緊急経済対策」の変更について 令. https://www.
kantei.go.jp/jp/singi/novel_coronavirus/th_siryou/200420kinkyukeizaitaisaku. pdf[2020-05-27].

水産庁. 2018a. 水産白書(令和元年度). https://www.jfa.maff.go.jp/j/kikaku/wpaper/R1/index.html
[2020-03-26].

水産庁. 2018b. 水産政策の改革について. https://www.jfa.maff.go.jp/j/kikaku/kaikaku/suisankaik
aku.html[2020-04-14].

水産庁. 2019. 2018 年漁業センサス報告書. https://www.maff.go.jp/j/tokei/census/fc/2018/20031
3.html[2020-04-17].

外務省(外务省). 2019. 組織案内・所在地. https://www.mofa.go.jp/mofaj/annai/honsho/sosiki/ind
ex. tml[2020-02-23].

文部科学省. 2015. 文部科学省の紹介. https://www.mext.go.jp/b_menu/b003. htm[2020-02-23].

郁志荣. 2018. 日本《海洋基本计划》特点分析及其启示. 亚太安全与海洋研究, (4): 19-31.

資源エネルギー庁(资源能源厅). 2018a. 日本でも、海の上の風力発電を拡大するため. https://
www.enecho.meti. go. jp/about/special/johoteikyo/yojohuryokuhatuden. html[2020-03-05].

資源エネルギー庁(资源能源厅). 2018b. これからの再エネとして期待される風力発電. https://
www.enecho. meti. go. jp/about/special/johoteikyo/huryokuhatuden. html[2020-03-05].

資源エネルギー庁(资源能源厅). 2019a. 平成 30 年度エネルギーに関する年次報告(エネルギ
ー白書 2019). https://www.enecho. meti. go. jp/about/whitepaper/2019/[2020-02-25].

資源エネルギー庁(资源能源厅). 2019b. 海洋資源の活用をめざして、「海洋エネルギー・鉱
物資源開発計画」を改定. https://www.enecho. meti. go. jp/about/special/johoteikyo/kaiyokai
hatukeikaku. html[2020-03-05].

資源エネルギー庁(资源能源厅). 2019c. 海洋エネルギー・鉱物資源開発計画. https://www.ene
cho.meti.go.jp/category/resources_and_fuel/strategy/pdf/report1902. pdf[2019-12-02].

United Nations, Department of Economic and Social Affairs. 2017. World Population Prospects: The
2017 Revision. https://www.un.org/development/desa/publications/world-population-prospects-
the-2017-revision. html[2020-05-11].

第三章 韩国海洋经济发展及中韩合作方向探讨

韩国位于朝鲜半岛南部，三面环海，是环太平洋地区地缘学上的重要地区，国土面积 10.329 万平方千米（外交部，2022）。主张管辖海域面积约 43.8 万平方千米，是整个国土面积的 4 倍多。海岛数量为 3348 个，海岸线长 14962 千米，其中大陆海岸线 7752 千米，岛屿岸线 7210 千米，为韩国海洋经济的发展提供了丰富的空间资源。韩国海洋经济发展始于 20 世纪 60 年代，80 年代进入快速发展阶段，经过多年发展，韩国已经形成了以海运、造船、水产和港湾工程为支柱的海洋经济体系，缓解本国陆域资源贫乏的发展瓶颈，成为韩国国民经济的重要组成部分。近年来，韩国政府对海洋的重视日益增加，致力于建设全球海洋强国，到 2030 年海洋经济在国民经济中的比重扩大到 10%。然而，海洋经济作为外向型经济，其发展易受国际环境的影响，不稳定、不确定特征突出。因此，在国际环境变化不稳定，叠加新冠疫情的影响下，厘清韩国海洋行政推进机制，分析韩国主要海洋产业发展现状与政策趋势，明确其主要发展动向，有利于增进管理部门和社会公众对韩国海洋经济的了解，为我国制定"十四五"海洋经济政策、寻求后疫情时代中韩合作提供有益的借鉴和参考。

第一节 韩国海洋行政推进机制

韩国海洋管理机构经历了"综合—分散—综合—有限分散—综合"的发展过程。1955 年海务厅成立，是韩国最早的海洋管理机构，负责海军、港口、水产、造船以及海洋警备等业务的综合行政管理（王江涛和李双建，2012）。1961 年海务厅解体，其职能分散给多个涉海行业部门，经过多次调整和变迁，直到 1996 年 8 月，仍然由水产厅、海运港口厅、科学技术处、农林水产部、通商产业部、建设交通部等多达 13 个部门、处、厅分散执行海洋业务[해양수산부（海洋水产部），2022a]。但这种分散管理方式存在着职责交叉重叠等问题，致使海洋管理协调成本高、合作效率低下，严重制约了韩国海洋事业的发展（魏志江等，2014）。20 世纪 90 年代，随着《联合国海洋法公约》的生效，世界各国对海洋权益的维护意识显著提升。为加强海洋力量，强化海洋领域竞争力，为海洋事业发展提供综合性机构保障，1996 年 8 月，韩国将海运港口厅、水产厅、建设交通部、海难审查院合并创立海洋水产部，标志韩国海洋综合管理模式的再确立。2008 年李明

博任总统后，为适应经济产业融合和新产业出现等情况的变化，实行综合部委制，废止海洋水产部，将海洋水产业务分散到国土海洋部及农林水产食品部，其中农林水产食品部负责水产政策及渔村开发、水产流通等；国土海洋部主要开展土地和水资源的开发利用与保护，形成以土地和水资源为载体的国土资源综合管理体系，在海洋领域负责海洋政策、海运、港口、海洋环境、海洋资源开发、海洋科学技术研究、开发及海洋安全等。由此，韩国进入"有限分散"的海洋管理模式。2013年，韩国总统朴槿惠为迎合国内加强海洋综合管理、振兴海洋产业的呼声，复建了海洋水产部并一直延续至今（林香红等，2014）。海洋水产部主要负责海洋资源开发及海洋科技振兴；海运业培育及港口建设、运营；水产资源管理、水产业振兴及渔村开发；船舶、船员管理海洋安全；海洋环境保全及沿岸管理[해양수산부（海洋水产部），2022a]。复建后的海洋水产部实现了从渔业管理到海上安全管理的高度集中管辖，具有较高的管理效率（图3.1）。

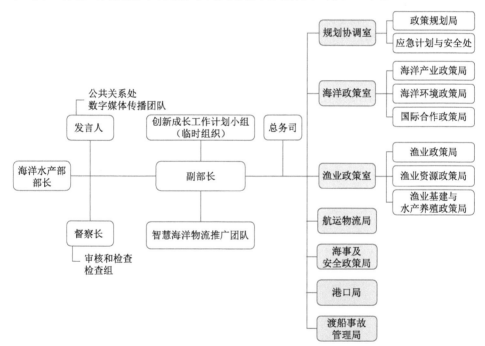

图3.1　韩国海洋水产部组织结构图[据해양수산부（海洋水产部），2022b]

第二节　主要海洋产业发展现状与政策趋势

一、海洋水产业

韩国海域寒暖流交替，十分适合鱼类生长和繁殖，有着发展海洋水产业得天独厚的条件。此外，较好的水产消费观念和文化，以及产业创新思维，促使韩国成为世界上重要的水产品生产、消费和贸易进出口国。

近些年，韩国海洋水产品产量整体呈现平稳增长，从 2010 年的 311.06 万吨增长到 2019 年的 382.97 万吨，年均增长率约为 2%。2019 年，内水渔业、近海渔业、远洋渔业和海水养殖产量在水产品总产量中占比分别为 0.92%、23.88%、13.24%和 61.93%。从近海渔业来看，2011 年产量达到阶段性高峰 123.55 万吨，随后整体呈现下降趋势，2016 年产量下降到 92.98 万吨，为 1972 年以后首次减少到 100 万吨以下，2017 年进一步下降到 92.69 万吨（图 3.2）。近海捕鱼量的减少对水产品消费量位居世界前列的韩国来说是相当大的冲击，对捕捞业、水产品加工与流通等相关产业发展产生了较大影响，是影响国民餐桌的重要问题。在韩国政府多种激励措施的作用下，2018 年水产品产量有所恢复，但 2019 年再次刷新历史新低，仅为 91.45 万吨。自 1957 年韩国远洋渔业在印度洋捕捞金枪鱼以来，已经 60 多年，但是远洋渔业的产量从 2007 年的 71 万吨呈现出全面减少趋势，2016年后降到 45.41 万吨，2017～2019 年缓慢提升，2019 年达到 50.70 万吨。为保护世界共享资源和发展中国家沿岸水产资源，国际社会要求加强对远洋渔业的规范性管理，因此韩国远洋渔业发展面临着日益增大的发展压力；与持续减少的捕捞渔业资源相比，随着养殖技术的发展，韩国海水养殖产量近些年呈现出持续增加的趋势，从 2010 年的 135.50 万吨增加到 2019 年的 237.19 万吨，年均增长率达到

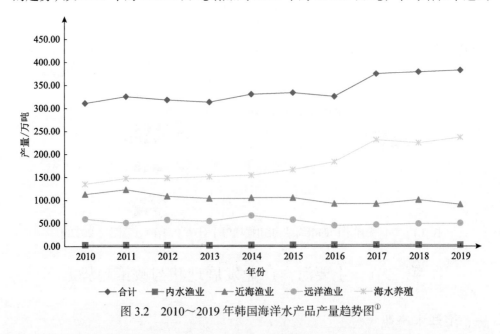

图 3.2　2010～2019 年韩国海洋水产品产量趋势图[①]

---

① 해양수산부（海洋水产部）. 2022. https://www.mof.go.kr/statPortal/cate/statView.do[2022-05-10]。

6.42%。养殖产量的增加，使得消费者可以更为低廉的价格获取优质的水产品，国民对养殖水产品的依赖度逐渐提高。尽管如此，韩国海水养殖业存在经营规模普遍偏小、渔民高龄化和生产方式较为传统等问题，增加了海水养殖的不稳定性和易受疾病、气候变化等外部影响的脆弱性[해양수산부（海洋水产部），2022c]。

2010~2018 年间，韩国海洋水产品进口量和进口额整体呈增加趋势，水产品进口量在 2018 年达到 641.90 万吨，年均增长率为 3.93%；水产品进口额在 2018 年达到了 61.25 亿美元，年均增长率为 7.41%。但 2019 年进口量和进口额分别为 560.60 万吨和 57.94 亿美元，与 2018 年相比均出现明显下滑（图 3.3）。从出口来看，韩国出口情况呈现阶段性波动特征。2012 年在日元强势、日本福岛核电站事故等因素影响下，韩国水产品出口达到 23.61 亿美元的阶段性顶点。之后，受世界经济放缓、日本水产品消费减少、日元贬值及各种自然灾害等影响，到 2015 年为止，韩国水产品出口业绩持续下降。此外，发达国家贸易保护主义扩散、国际环境的不确定性加剧出口条件的恶化。2016 年后，在世界经济复苏、韩国出口业界积极开拓市场、政府多种政策支持等发挥协同效应下，韩国水产品出口呈现出明显的增长趋势，2018 年、2019 年水产品出口额分别为 23.77 亿和 25.05 亿美元，超过了 2012 年，刷新了历史最高纪录。但是，在世界水产品出口市场上，韩国占有率仅在 1% 左右。从出口对象国来看，日本、中国和美国是韩国水产品的三大主要出口市场，2010 年合计占韩国出口比重达 71%。但此后，韩国以泰国、越南、印度尼西亚、新加坡为中心促进对东盟的水产出口，在韩国出口多边化努力下，2017 年日、中、美 3 个国家的出口占比减少到 61%[해양수산부（海洋水产部），2019a]。总体来看，目前韩国水产品出口对上位国家依赖度仍然较高，存在出口结构性弱点。

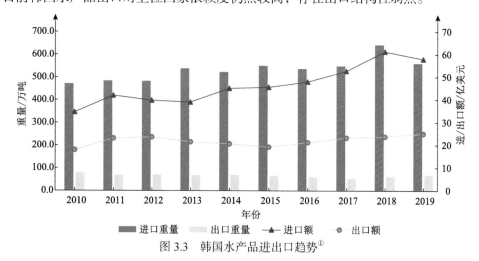

图 3.3　韩国水产品进出口趋势[①]

---

① 해양수산부（海洋水产部）. 2022. https://www.mof.go.kr/statPortal/cate/statView.do[2022-05-10]。

按出口类别来看（表 3.1），世界需求增加导致金枪鱼价格上涨，2017 年韩国金枪鱼出口额达 6.25 亿美元，创下历史新高。因全球市场对调味紫菜的消费增加，加之近年来中国、日本的紫菜收成不振，国际市场对韩国紫菜的需求增加，2017 年韩国紫菜出口额首次达到 5 亿美元以上。由于集装箱普及，出口条件改善，2015 年后偏口鱼、牙齿鱼等出口金额持续增加。总体来看，韩国出口项目依赖度加深，在出口的约 120 个品种中，前 10 个品种占总出口额接近 70%，特别是对金枪鱼、紫菜的依赖度非常高，2017 年两者占比接近 50%。韩国需要挖掘继金枪鱼、紫菜之后的新明星出口项目，谋求水产品出口品目多样化。

表 3.1　韩国水产品出口前 10 个品种出口额情况①

分类	2015 年			2016 年			2017 年		
	品目	出口额/亿美元	百分比/%	品目	出口额/亿美元	百分比/%	品目	出口额/亿美元	百分比/%
	总额	19.24	100.0	总额	21.28	100.0	总额	23.29	100.0
	十大品种	12.67	65.9	十大品种	14.35	67.4	十大品种	16.17	69.4
1	金枪鱼	4.90	25.5	金枪鱼	5.76	27.1	金枪鱼	6.25	26.8
2	紫菜	3.05	15.9	紫菜	3.53	16.6	紫菜	5.13	22.0
3	牡蛎	0.96	5.0	乌贼	1.12	5.3	乌贼	0.78	3.3
4	乌贼	0.95	4.9	鲍鱼	0.66	3.1	偏口鱼	0.65	2.8
5	偏口鱼	0.58	3.0	牡蛎	0.62	2.9	牙齿鱼	0.60	2.6
6	蟹肉	0.49	2.5	偏口鱼	0.61	2.9	牡蛎	0.59	2.5
7	鲫鱼	0.47	2.4	鲫鱼	0.54	2.5	螃蟹	0.59	2.5
8	马鲛	0.45	2.3	蟹肉	0.53	2.5	蟹肉	0.54	2.3
9	牙齿鱼	0.43	2.2	马鲛	0.50	2.3	鲍鱼	0.52	2.2
10	鲍鱼	0.39	2.0	牙齿鱼	0.48	2.3	鲫鱼	0.52	2.2

韩国水产业是约 104 万名水产从业者生活的基地，也是提供健康水产品的国民产业，渔村作为国民旅游、休闲的空间，其作用更加重要。最近日益深化的水产资源枯竭、人口减少和渔村高龄化等结构性问题使得韩国水产业和渔村的生存与发展陷入了危机。韩国海洋水产部为了解决水产业及渔村面临的问题，将水产业培养成可持续增长的产业，正努力摆脱陈旧的渔业惯例或以短期处方为主的对策，以水产业的革新增长、营造充满活力的渔村空间为目标，果断推进水产革新

① 해양수산부（海洋水产部）. 2022. https://www.mof.go.kr/statPortal/cate/statView.do[2022-05-10]。

2030 计划，旨在建立资源管理型渔业体系，从根本上改善国家水产业体制[해양수산부（海洋水产部），2019a]。为实现这一战略愿景，主要推进以下政策措施。

（一）推进实现可持续的近海渔业

建立资源管理型近海渔业，全面改编渔业结构，推行以资源评价为基础的TAC 制度，延长禁渔期和休渔期，强化渔船监测，调整海面作业区域，加强捕捞渔船安全设施和改编资源管理型捕捞制度。在渔港引进捕捞物监测及渔具使用等渔港搜索制度，实现渔具管理体系化。此外，韩国加强非法作业管制力度。为迅速有效应对非法作业，2017 年 6 月，韩国根据三面环海的海域特性，在现有的东、西海渔业管理团体制下，新设了南海渔业管理团，建立起更为迅速有效的管制体系；为加强国内渔业秩序和提升排他性海域国外船只的非法作业管制能力，韩国大力扩充大型渔业指导船，指导船总量从 2017 年的 34 艘增加到 2018 年底的 38 艘；通过中韩渔业联合委员会，韩国与中国 2017 年建立了指导船共同巡视、公务员交叉乘船等联合管制措施，建立起中韩非法渔业联合管制系统。2018 年韩国将正在试点运营的中韩非法渔业联合管制系统的运营机构指定为西海渔业管理团。

（二）推动海水养殖产业尖端化

海水养殖产业正在摆脱传统第一产业框架，进入尖端化、规模化阶段。当前，挪威和中国在智能海洋养殖领域展开激烈竞争。挪威成功实现大西洋鲑鱼商业化养殖，席卷了世界市场，且三文鱼养殖技术正在提升，将推进更大更自动化的尖端智能养殖场建设；中国则积极推进海洋牧场建设，旨在解决密集养殖造成的沿岸环境污染问题，以可持续的方式在生产高附加值鱼种的同时实现多功能布局，且海洋装备建设产业竞争力快速提升，目前几乎垄断了全球智能养殖装备的制造与建设。为提升韩国海水养殖的整体竞争力，建立绿色高附加值智能养殖体系，韩国政府正在推进集成信息与通信技术（ICT）和自动化技术等的智能养殖场示范模式建设事业，在引导普通养殖接受尖端养殖技术的同时，致力于建立智能养殖集群。主要措施包括：从 2019 年开始，计划 10 年内在全国 3 个地方（每个地方投入约 400 亿韩元）建立智能养殖示范园区，以循环过滤养殖系统等最新的养殖系统为基础，综合利用物联网（IoT）、集成信息与通信技术（ICT）等第四次产业革命技术开发智能养殖场运营技术；开发和推广海水养殖优质种苗，制定水产种苗发展基本计划，推动各品种优质种苗开发并建立无病害研究普及中心，引导养殖相关产业共同成长。

（三）水产品流通结构革新及水产品出口产业化

随着高龄化、单人家庭增加等人口结构变化和饮食生活方式的变化，韩国水产品消费呈现出简便化、多样化、高级化、重视健康与安全的倾向。此外，人工智能、物联网、大数据等第四次工业革命的尖端技术有望逐渐引进并应用到水产品流通过程。面对国内水产品流通基础设施老化、流通主体规模有限、低温流通体系建设不足、产地销售质量和卫生管理等诸多问题，为了有效、主动应对国内外流通环境及消费趋势的变化，营造生产者和消费者相生的流通环境，韩国海洋水产部持续推进水产品流通基础设施改善事业。2017～2018年，韩国推进了水产产地据点流通中心（FPC）及消费地分散物流中心（FDC）扩充、制定产地销售场所卫生标准、实施水产品流通产业实态调查等。FPC将通过水产品处理量的规模化和初步加工提供附加值，满足多商品化要求，提高渔业从业人员收入。FDC将在全国各地聚集水产品，分散到各消费地，有助于维持水产品的新鲜度和提高流通效率。此外，为了向国民提供安全的水产品，加强水产品流通产业的竞争力，韩国还制定了"水产品流通革新路线图（2018～2022年）"，通过相关政策的切实实施，提高水产品在卫生、质量、高附加值化等多方面的供需管理水平。

为了在不稳定性的出口环境中获得主动，提升水产品的附加值，提高国内企业的出口竞争力，韩国制定了水产品出口竞争力强化方案、水产品出口支援路线图等出口支援政策，主要措施包括：①出口市场多元化。在政府"新南方"政策基调下，以被称为潜在消费市场的东盟为中心扩大出口市场。此外，还通过中国香港、中国台湾、加拿大、俄罗斯、墨西哥等地将出口市场多样化，进一步缓解出口集中度。②出口支援中心建设。为了减少出口危险因素，给韩国业界营造稳定的出口环境，在出口现场建立能够支援业界困难的水产品出口支援中心。目前，韩国已在日本、中国、美国以及新崛起的越南、泰国、马来西亚等东南亚地区，共成功建立了10个出口支援中心。③出口扶持措施。根据韩国法令，国家和地方自治团体为了振兴水产品出口，确保中小水产企业的出口竞争力，必须制定并实施海外市场开拓、贸易信息收集提供等必要政策。为了有效推进政策，可以对渔业经营企业、生产团体、出口水产品者等进行必要的支援。④加强韩国水产品宣传与营销。为了在全球市场上提升韩国水产品的知名度，建立卫生、美味的高级水产品形象，韩国近年来推出了水产品出口联合品牌"K·FISH"，在美国、日本、新加坡等46个国家进行商标申请、注册等，为扩大品牌效应打下基础。与此同时，韩国积极进行海外宣传营销，还利用网络媒介进行信息交流创新，借助"网红营销"向周边国家乃至全世界推销水产品及美食[해양수산부（海洋水产部），2019a]。

（四）推进渔村建设及渔民收入增加

韩国小规模渔港较为落后，基础设施日渐恶化，导致了持续的产业衰退、人口减少和岛屿地区空岛化。据有关测算显示，韩国渔村人口从 2000 年的 25.1 万人下降到 2018 年的 11.7 万人，渔村高龄化率从 2003 年的 15.9% 提升到 2018 年的 36.3%[해양수산부（海洋水产部），2020a]，预计到 2040 年韩国渔村的 81.2% 将被视为消失危险性较高的地区。考虑到这样的渔村现实情况，为了让国民舒适地享受海洋休闲和海洋旅游，营造最低限度的基本环境是韩国政府面临的最紧迫、最重要的课题。因此，2018 年 6 月韩国制定了"渔村新政 300 事业"推进计划。以"容易去的渔村"、"想去的渔村"和"充满活力的渔村"为政策方向，于 2019～2022 年间，在全国 300 个地方投入 3 万亿韩元的财政资金，综合推进包括：①海上交通设施现代化，提高渔村靠近性；②利用渔村核心资源，搞活海洋旅游；③加强渔村创新力量，带动渔村创新增长等三大措施。渔村将根据地区条件和特色，被分为海洋休闲型、国民修养型、水产功能型、再生基础型等进行适当的推进[해양수산부（海洋水产部），2019a]。

二、船舶制造业

船舶制造业是韩国的重要支柱产业，在国民经济中起着举足轻重的作用。韩国现代重工业株式会社（现代重工）、大宇造船海洋株式会社（大宇造船）、三星重工业株式会社（三星重工）是韩国造船业的三大巨头，位列世界造船企业第一梯队。此外，韩国还有现代三湖重工业株式会社、现代尾浦造船、大鲜造船、韩进重工等中型船舶企业。

近年来，韩国船舶制造业的全球新接订单量大幅减少。2019 年，全球新接订单量减少到 2530 万补偿总吨（compensated gross tonnage，CGT），较 2018 年下降 27%。截至 2019 年底，全球手持订单量为 7580 万 CGT，同比下降 11.7%。2009 年前，韩国是世界第一船舶建造国，但此后由于中国的急速发展，全球造船业维持中韩 G2 体制。新接订单方面，在经历 2016 年的订单低谷后，韩国政府全面介入拯救造船业，在要求造船企业进行自我改革的同时，连续出台《造船产业竞争力强化方案》和《造船密集区经济振兴方案》等多项支援政策和方案帮助造船业脱离困境。在政府的激励作用下，韩国造船新接订单实现 2017 年、2018 年连续两年增长。2019 年，在全球订单总量大幅下降的限制下，韩国船企新接订单量为 943 万 CGT，虽然同比下降 28.8%，但凭借在 LNG 船、VLCC（very large crude carrier）等高附加值船舶领域的优势，韩国占全球新接订单总量的份额达 37.3%，领先于中国的份额（33.8%），继 2018 年后再度超越中国位居全球首位。韩国三大造船集团继续垄断韩国国内新船订单市场，合计占全国总接单量的 96.0%。韩国中小船企则订单枯竭困境，市场占有率不断降低。造船完工方面，2016～2018年，韩国造船完工量连续三年下跌。2019 年韩国造船完工量为 951 万 CGT，低于中国（1109 万 CGT），排名第二。手持订单方面，金融危机以来韩国船企手持订单量呈波动下降趋势。2019 年韩国手持订单量为 2260 万 CGT，同比减少 0.5%，全球占比 27.9%，排名全球第二，与中国仍有一定差距（图 3.4，图 3.5）（Korea Offshore & Shipbuilding Association，2020）。

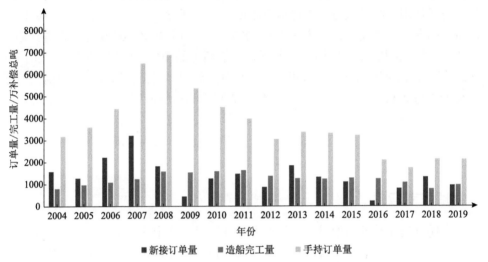

图 3.4　2004～2019 年韩国船舶建造业新接订单量、造船完工量、手持订单量变化情况

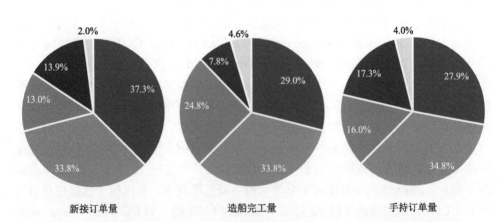

图 3.5　2019 年韩国船舶建造业新接订单量、造船完工量和手持订单量全球占比情况

韩国造船业保持高端船型优势。近 20 年来，韩国在 LNG 船建造市场上一枝

独秀，2009～2018 年间，韩国获得了全球大型 LNG 船订单 353 艘中的 297 艘，占比 84.1%，在大型 LNG 船建造市场中处于绝对垄断地位。此外，韩国船企在 VLCC、超大型集装箱船（15000TEU 以上）、VLGC（volumetric liquefied gas container）等高附加值船型上依然保持明显的优势。2019 年，VLCC、超大型集装箱船和 VLGC 新接订单占比分别为 57.7%、51.5% 和 63.9%，竞争优势依然明显（秦琦，2019）。

当前，韩国造船业面临内外两方面问题。从外部来讲，主要为全球市场需求严重衰退，新船订单量大幅下降；新船价格长期低迷，涨幅缓慢；以及中国造船业快速发展带来的竞争压力。从内部来讲，主要为产业结构失衡，中小型船企及核心配套产业竞争力相对较弱；国内需求不足，国内订单比重较低；缺乏产业协同效应，造船业内部过度竞争，航运业、金融业和造船业缺乏协同。在此背景下，韩国造船业业绩大幅下滑，大量中小型船企结构重组，造船及相关行业从业人员从 2015 年的 18.12 万人下降至 2019 年的 8.64 万人。2018 年，韩国政府相继发布《韩国造船产业发展战略》《造船产业活力提高方案》，推进和加大造船业的政策扶持力度，确定六大重点战略任务，全面指导韩国造船产业转型升级（陈柏全等，2020）。

（一）调整优化造船产业结构

为应对产能过剩困局和加快造船业复苏，深入推进三大船企自救计划，探索联盟合作方案。韩国造船业首先着手推进现代重工与大宇造船的战略重组。2019 年 3 月，现代重工正式收购产业银行持有的大宇造船 55.7% 股份。此次并购必须通过韩国、欧盟、日本、中国、哈萨克斯坦、新加坡 6 个国家和地区的反垄断审查，截至 2021 年 1 月，哈萨克斯坦、新加坡和中国已经无条件批准了两大船企的合并。现代重工与大宇造船的合并，将有效优化资源配置，通过避免重复投资、实现技术共享等提高生产效率，最终降低成本，提高市场竞争力。同时，有效缓解全球造船市场过度竞争问题，提升船舶订单价格，从而增加经济收益（蒋聪汝，2019；桂傲然，2019）。推进中型船企的合作与重组，培养具有全球竞争力的中型船企。韩国有序推进城东造船的重整计划和 STX（system technology excellence）集团的结构调整，支持大鲜造船出售、韩进重工军品建造专业化。目前，在韩进重工完成债转股后，韩国产业银行成为韩进重工的最大股东，韩国五大中型船企（大韩造船、韩进重工、STX 集团、城东造船、大鲜造船）已经全部由韩国政策银行控制。在推进战略重组和结构调整的同时，韩国成立"造船海洋产业发展协议会"，协助解决中小型船企、配套企业等"弱势群体"利益受损等问题，推动大型船企和中小船企间均衡、协作发展。

积极发展船舶改装、分段制造、修船及服务业。船舶改装方面，促进高附加值船舶及海工装备在韩国国内改装，将为企业提供降低成本和提升技术方面的支持；分段制造方面，推进分段标准化，提高本土分段制造企业的成本竞争力，促使船厂的分段制造外包从国外转回韩国（阴晴等，2020）；服务方面，推进船厂、配套企业、造船协会、配套协会和船舶服务公司间的合作，推进本国建造船舶的运营修理等服务项目。

（二）全面提升中小型船企竞争力

加大专业化设计和生产的研发投入，启动《造船海洋产业核心技术开发项目》，提供经费支持 11 个关于中小型 LNG 动力船舶、LNG 加注船、能效提升等设计领域课题研发，支持 8 个以焊接、涂装等工艺为中心的自动化及效率提升技术研发课题；成立高速船舶设计研究中心，提升设计能力；对符合市场潮流的破冰船、极地船、LNG 船等未来型船舶以及中型浮式发电站、浮式液化天然气生产储卸装置等类海工型高附加值船舶的设计提供支持；推进智能船厂（K-Yard）项目。通过 ICT 融合技术建立最优的物流及船舶建造系统，在试点示范的基础上，按照中型船厂、小型船厂、分段建造厂的顺序，逐步应用到中小型船厂中，促进韩国中小型船厂智能化发展。

（三）挖掘国内外需求新动能

推进"国轮国造"，2018～2020 年间韩国政府订造至少 240 艘政策性船舶订单，包括 140 余艘散货船、60 余艘集装箱船和约 40 艘公务船。支持 LNG 船舶订造，通过金融和政府补贴等措施，加快国内沿海绿色船舶试点项目进程，推动 LNG 动力船替代老旧船舶，强化公务 LNG 动力船舶订造。同时，构建 LNG 加注系统，加强基础设施建设。

积极挖掘海外战略合作项目订单需求。推进"新北方""新南方"政策，前者的重点对象是俄罗斯，后者的合作对象是东南亚、印度等。①"新北方"战略：韩国将加大与俄罗斯的技术合作，积极参与俄罗斯北极能源项目（Arctic II），争取批量承接破冰 LNG 船订单。为推进中小型船企、配套企业、海工企业之间合作多样化，将通过举办韩俄造船合作研讨会等方式构建合作平台。积极研究设立远东配套物流中心，帮助本国配套产品出口俄罗斯。②"新南方"政策：促进与越南、菲律宾、印度尼西亚等国造船业的人才交流合作。基于东南亚国家岛屿众多的特点，积极拓展对需求增多的中型浮式发电平台和冷藏运输船等船型的订单。通过政府间合作项目的形式，积极推进发展中国家公务船建造计划。

（四）大力发展智能自航船舶与绿色船舶

智能自航船舶将引领造船、海运领域的第四次产业革命，成为未来高附加值船舶、海运服务市场和国际海事组织确保主导权的新机会。当前，智能自航船舶进入研发加速期。中国、欧洲国家等通过推进大型智能船项目，积极抢占市场，韩国也在积极研发智能船舶系统。近期，韩国政府加大智能船舶支持力度，启动《智能自航船舶及航运港口应用服务开发》项目，开发并建造能够通过系统感知现状、预先制定航线的中型智能自航船舶，并计划在 2022 年之前完成试航，2027年完成无人船开发。与此同时，韩国强化国际合作，积极参与自主航运船舶规定与标准制定相关国际会议，向国际海事组织（International Maritime Organization，IMO）提交了敦促自主航运船舶设计及制定航运标准的议题文件，并提交给海事安全委员会，增进了韩国在新技术领域的规则话语权。

2017 年 9 月船舶平衡水管理协议（Ballast Water Magent Contention）生效，2020 年 1 月 1 日以后船舶的硫化物含量排放限制从 3.50%强化到 0.50%。韩国海洋水产部强化制定了釜山等港口周边区域的限排标准，要求在 2021 年前执行新的规定（硫化物含量低于 0.1%）（曹博，2019）。此外，韩国对于港口粉尘污染和海洋塑料垃圾的环境限制也逐步加强，倒逼企业升级。为了改善港口污染、应对日渐强化的环保限制以及抢占未来潜在市场，韩国积极推进绿色环保配套设备的实船验证项目，确保 2030 年相关配套技术国产化率达到 100%，2035 年建造首艘零排放船舶。

（五）通过"共生"强化产业业态

通过造船上下游产业链、大中小企业、地区间的"共生"，实现可持续发展。一是产业部、海洋水产部、金融委员会成立"共生"委员会。产业部、海洋水产部、货主、船东、航运公司、船企、配套企业、研究机构等共同参与，推进技术研发、实船验证等联合项目，扩大 LNG 船订造、发展 LNG 加注设施、研发自主导航船舶等。加大造船业保函发放、建造资金等支持力度，主要包括加强国有金融机构的信贷支持、协商保函分配方案和政策金融机构提供特殊支持等。二是为帮助新技术商业化，强化政府在技术研发初期和实船验证阶段的协调作用，实现"技术共生"。造船、航运、配套企业等通过共同研发新技术配套产品并实船搭载，实现船舶高附加值化，增加接单量，同时扩大国产船舶相应配套需求。此外，将推进更多的大型船企将其技术无偿或有偿转让到中小型船企和配套企业。三是建立由船厂、配套企业、外包企业、支援机构等组成的地区造船业委员会，共同支持地区人才培养、基础设施建设及公共作业船订造，构建当地船舶产业良性发展模式，引导各地区专业化发展，实现"地区共生"。

（六）维持就业并创造更多优质岗位

实施地区船舶行业下岗人员再就业支援项目，促进就业稳定。通过设计竞争力强化项目，聘用高级设计领域下岗人员。同时，以三大船企为中心扩大青年人才招聘。努力消除对造船行业的偏见，推进船舶设计、生产、配套等成为中青年所向往的优质工作岗位。积极创造船舶设计和服务等高附加值领域的就业岗位，为高级技术人员创造就业机会；通过推进智能船厂（K-Yard）项目，将现场作业人员逐步转换为智能生产控制人员；通过推进智能自航船舶开发项目，扩大关联产业国产化并培育相关产业，同时开拓大数据分析等新型服务业。此外，推进薪资合理化，适度提高船舶行业从业人员中占比最高的外包人员薪金水平；强化人才培养，加强对绿色船舶、自航船舶领域以及融合型高级专业人才的培养。

三、港口业

韩国沿岸地区分布了诸多港口，作为国家物流网络的重要环节，为地区增长和社会发展做出了巨大贡献。根据韩国港口法，韩国拥有 60 个港口，其中贸易港31 个（国家管理贸易港 14 个，地方管理贸易港 17 个）；沿岸港 29 个（国家管理沿岸港 11 个，地方管理沿岸港 18 个）[해양수산부（海洋水产部），2019b]。其中，釜山港享有世界第六大集装箱港口的地位，成为东北亚最大的转运港。

随着世界经济及韩国国内经济增长速度放缓，且在 2017 年全球海运联盟重组、韩进海运破产等不确定性增加的情况下，韩国近些年依然实现物流量的稳步增加。2019 年韩国贸易港货物吞吐量为 16.44 亿吨，同比增长 1.17%，其中进出口货物吞吐量为 14.29 亿吨，同比增长 1.64%，转运货物吞吐量 3.32 亿吨，同比增长 4.82%。沿岸货物吞吐量 2.15 亿吨，同比减少 1.83%（图 3.6）。2019 年韩国港口集装箱处理业绩为 2911.80 万 TEU，同比增长 0.51%。特别是釜山港集装箱处理业绩为 2191.00 万 TEU，同比增长 1.14%；仁川港（308.7 万 TEU）、光阳港（237.7 万 TEU）分别减少 1.09% 和 1.29%；平泽-唐津港（72.5 万 TEU）、蔚山港（51.7 万 TEU）分别增加 5.07% 和 5.51%。衡量集装箱服务能力的班轮运输连通性指数（liner shipping connectivity index，LSCI）显示，2019 年韩国 LSCI 指数世界排名位于中国和新加坡之后，位列第三，马来西亚和美国分列第四、第五；韩国釜山港 LSCI 指数世界排名位于我国上海港和新加坡港之后，同样位列第三，我国宁波港和香港港分列第四、第五（UNCTAD，2020）。

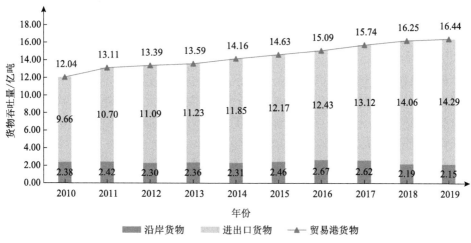

图 3.6　2010～2019 年韩国贸易港货物吞吐量与构成情况

近期，全球经济和韩国国内经济的低增长基调固定化，东北亚集装箱物流市场的不确定性正在扩大。加之全球海运联盟重组、韩进海运破产、贸易保护主义盛行和现代商船的法定管理，使得船舶的运行模式发生了变化，韩国港口地位和功能面临着与以往不同的情况，"港口衰退现象"正在发生。与此同时，全球港口竞争加剧，智能环保港口建设和港城联动再生成为大势。韩国海洋水产部的港口政策也在推进中变化，于 2020 年发布了包含全国港口的中长期规划和开发计划"2030 港口政策方向及推进战略"[해양수산부（海洋水产部），2020b]，旨在到 2030 年实现智能化港口，港口吞吐量达到 19.6 亿吨，带动产值 83 万亿韩元，带动增加值 28 万亿韩元，贡献就业岗位 55 万个，全球竞争力显著提升[해양수산부（海洋水产部），2020c]。

（一）推进港口智能化、数字化，建立智能海上物流基础

世界先进港口正在引进人工智能（AI）、机器人技术等完全无人自动化系统，确保港口竞争力，利用 IoT、ICT 等，加强内陆和港口之间的物流联系和物流流程。韩国以集装箱吞吐量为基准，排在世界第 4 位，釜山港排在世界第 6 位，但港口仍停留在半自动化系统，低于荷兰、中国、美国、德国等国家先进港口。特别是，由于超大型船舶的出现，提升了卸货服务要求。为了提高陆海物流系统的效率，急需建设国内智能港口，开发出新一代韩国型无人自动化集装箱港口技术等，提高港口的生产效率。韩国计划 2026 年前，投入 5940 亿韩元，在光阳港建立自动化测试床，开发国产技术，积累运营经验。经过测试床验证，在釜山港第二新港投入国产化的自动化技术，计划于 2030 年开始运营韩国型智能港口，正式推进港口自动化和数字化。与此同时，韩国还计划建立海运船舶、码头运营、货运车辆

间的信息平台，实现智能型港口物流体系。

（二）持续扩充港口基础设施，加强全球竞争力

为应对新冠疫情对韩国全球供给体系造成的变化，建立稳定的港口物流网络，韩国制定并推进各地区港口开发战略。釜山港计划建设可以容纳 3 万 TEU 级超大型船舶的第二新港（又称"镇海新港"），进一步巩固东北亚物流中心的地位；世界吞吐量第 11 位的光阳港计划扩大背后腹地、搞活产业、提升物流量，建立能够提高港内船舶通港效率和安全性的循环型航道，发展成为亚洲最先进的智能综合物流港口；以仁川港为中心的西海圈港湾计划建设成处理中国进出口货物的物流据点港口，构筑与中国稳定的物流网。为此，将仁川港培育成以商品、消费为中心的首都圈专用中心港口，将平泽-唐津港培育为汽车、杂货等首都圈产业支援港口，将木浦港培育为西南地区产业据点港口，将济州岛培育为旅游和邮轮旅游中心港口；以蔚山港为中心的东海圈港湾计划建设成新北方能源及物流基地。为此，计划在蔚山港扩充石油、LNG 等能源码头和背后园区，建设疏港道路，改善蔚山新港和本港之间的物流效率。

为在国内港口建设市场萎缩局面下寻求港口建设产业新增长动力，韩国积极探索海外港口市场，从 2008 年开始，以本国港口建设、运营经验为基础，启动海外港口开发合作事业，支援韩国企业进军海外港口开发市场。截至 2018 年末，韩国完成了 27 个国家的 29 个项目，以及 1 个地区机构（东盟）的 3 个项目，同时，正在进行以越南、老挝、孟加拉国、印度、俄罗斯、印度尼西亚、尼加拉瓜等 7 个国家为对象的新合作项目。其中越南近年来经济增长年均 6%，是东盟地区最大的基础设施市场，是韩国建设企业承揽额占亚洲第一位的"新南方"政策核心国家。此外，考虑到与中南美地区的自贸协定逐步扩大，韩国还将持续通过与中南美的港口合作会议，支持本国企业进军中南美港口领域。

（三）强化港口与地区间的协同可持续发展

通过港口功能多样化，扩大投资及创造地区工作岗位。推进 LNG 运输站（釜山、蔚山、光阳港等）、修理造船厂（釜山港、平泽-唐津港）、电子商务化特区（仁川港）的建设，丰富港口服务，创造地区工作岗位；推进老旧、闲置港口符合区域特性的再开发事业，以及为港口产业和城市综合发展的港口集群建设事业等，引导和带动港口城市创新增长[해양수산부（海洋水产部），2020a]；推进港口空间转换为干净、安全空间。一是计划在港口地区扩大海洋公园、亲水型防波堤、滨水步行道路等亲水空间，支持地区居民的休闲活动。通过港口公共服务设计，将港口空间转换为与周边景观相和谐的场所。二是计划建设港口环保区，改善港

口地区大气环境质量。韩国海洋水产部于 2018 年 1 月制定了"港口·船舶微尘综合对策"，旨在 2022 年将港口微尘减少一半以上。2030 年前，计划引入密闭型防尘装卸系统，在港口及市中心设置环保区。另外，在釜山、仁川等主要港口附近指定了排放限制海域和低速航运海域，可以适用比国际标准更高的燃料油硫含量标准和速度标准。

四、航运业

韩国作为三面环海的半岛国家，进出口货物的 99.8%通过海上运输来实现。原油和铁矿石等能源资源 100%通过海运运输到韩国[한국해운협회（韩国海运协会），2022]。海运业对造船、港口等相关产业具有巨大的波及效果，在非常时期负责军需品及战略物资运输等，对经济和安全保障起到核心作用。因此，长期以来韩国政府非常重视海运业发展。

韩国商船队位居世界第七位。2003 年下半年后，由于市场复苏，韩国商船队船舶数量迅速增加，在 2015 年达到顶峰 1088 艘，总吨位达 4327 万 GT。之后，2016～2018 年船舶数量逐步减少，2019 年船舶数量为 999 艘，但总吨位增至 4316 万 GT（图 3.7）。2016～2017 年，韩国海运处境艰难，现代商船连续亏损，世界排名第 7 位的韩国最大航运公司韩进海运破产，给韩国航运业及相关产业带来了极大的负面影响。据韩国海洋水产开发院分析的资料显示，韩进海运破产后，韩国海运短期内的运费收入遭受了 3 万亿韩元左右的损失。在韩国遭受韩进海运和现代商船后遗症的同时，世界领先的航运公司呈现出完全不同的面貌。2018 年末，全球共有 6407 艘（21.51 亿 TEU）集装箱船舶处于运营中，马士基集团、地中海航运公司、中远海运集团、法国达飞海运集团、赫伯罗特公司等五大全球集装箱航运公司占据了船舶数量的 63%。特别是除了中远海运集团外，其余 4 家均为欧洲航运公司，这些航运公司掌握了全球海运市场。与此相对，韩国现代商船拥有船舶量仅为 41 万 TEU，占有率仅为 1.8%，存在感较低，很难与全球航运公司展开竞争。在全球海运市场上出现的另一个变化是，海运公司之间的合作重组，使得合作公司之间的联系进一步加强。2017 年世界船公司改编成 2M（马士基集团和地中海航运公司组成）、Ocean 联盟[中远集装箱运输有限公司、法国达飞海运集团、长荣海运和东方海外（国际）有限公司组成]和 THE 联盟（赫伯罗特公司、阳明海运、商船三井株式会社、日本邮船株式会社和川崎汽船株式会社组成）三大联盟。新航运联盟的特点是战略合作时间确定为 10 年，综合考虑联盟内各公司航线情况，重新编排合作港口。就韩国釜山港而言，三大联盟将亚洲—北美航线数量从 15 条减少 13 条，将亚洲—北欧航线从 3 条减少到 2 条。海运公司起航服务的减少意味着港口竞争力减弱，转运量面临下降。

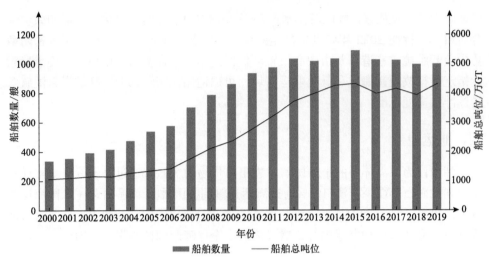

图 3.7　韩国商船队船舶数量与船舶总吨位变化情况

　　为了迅速重启韩国海运产业，再建"海运强国"，2018 年 7 月韩国海洋水产部发布了海运产业重建 5 年计划《韩国振兴航运五年计划（2018—2022）》（简称《计划》），《计划》提出，到 2022 年，韩国海运业竞争力提升至全球前 5 名。其中，航运收入规模达到 51 万亿韩元，船队总运力达到 10040 万 GT 以上，集装箱船队运力达到 113 万 TEU 以上。《计划》提出三大重点工作方向：一是通过提供有竞争力的服务和运费确保货源稳定；二是通过扩大节能高效船舶的规模恢复航运竞争力；三是通过强化航运公司间合作确保航运公司经营稳定。

（一）确保货源稳定

　　成立专门委员会多管齐下确保货源稳定。韩国将持续大力推进"国货国运"，促使航运公司与货主紧密相连，从而构建具有较强竞争力的海上运输系统。韩国海洋水产部与大韩商会、贸易协会、船东协会三方于 2018 年签订了《共生合作谅解备忘录》，成立"海上进出口竞争强化共生委员会"，稳定和扩大进出口货物规模，从而可以为进出口提供更为高效的海上运输服务。同时，为了让航运公司、货主、造船企业共同参与船舶投资，在利益目标上达成一致，韩国于 2018 年下半年设立了"共生决策参考基金"。韩国航运公司通过提供差别化的服务，如通过运费优惠、优先安排船位等引导货主参与船舶的订造。

　　提高战略性物资"国货国运"的比例来确保货源稳定。积极引导"国货国运"，油船"国货国运"比例由此前的 28.1%提高到 33.8%，散货船"国货国运"比例由 72.8%提升到 80.1%；延长战略性物资货主与国内航运公司的租期，并引导其他货主与国内航运公司合作；调整采购竞标制度，将韩国政府机关及相关企业过去使用的"最低价竞标制度"转换成"综合审查竞标制度",一定程度上提高"国货国运"的保障;韩国借鉴美国的相关政策,出台"国货优先"政策:韩国所有军用货物,政府所有的相关货物、财政支持的相关货物以及50%以上的农产品均由本国航运公司运输。

（二）扩大节能高效船舶的规模

海运重建项目第一大推进方向中,提供有竞争力的服务的主要内容是金融和财政支持以及引进"国家必需海运制度"。2018年7月,韩国整合多家政策性金融机构,成立综合支援产业基础、企业经营、投资事业的海运产业专门支援机构——韩国海洋振兴公社,推进绿色高效船舶建造,扩大航运企业支持范围,加大对稳健型中小航运企业的金融支持力度。为了促进现有船舶向环保船舶的转换,韩国政府从2018年开始实施"绿色船舶转换支援事业",到2022年,支持50艘老旧船舶更新为绿色船舶,给予新造船价格10%左右的补贴。同时,引进"国家必需海运制度",计算战时及紧急情况发生时国家必需的货物运输要素,指定必要港口、船舶和相关运营企业为国家必需设施,制定了除国际船舶登记法指定的船舶（民间所有）外,公共机关拥有的船舶也可以指定为国家必需船舶的规定,以建立稳定的进出口运输系统,在非常时期强化国家运输能力。同时,增加造船业的使命感,促进海运企业建立具有竞争力的船队。

（三）确保航运公司经营稳定

韩国计划从确保海运安全的角度出发,谋求海运企业的经营稳定。第一,由韩国海洋振兴公社和资产管理公司共同推进S&LB（Sale and lease back）事业,通过船舶售后回租的方式,改善具有竞争力的中坚和中小航运公司的财务状况。第二,通过韩国航运联盟（Korea Shipping Partnership, KSP）开展航线结构调整、新航线开辟、码头资源共享等多层次合作,推进航运公司经营创新。第三,提供咨询服务支撑,强化航运交易监控。为加强韩国企业对船舶经营、财务状况、各种风险（运费、汇率）、船舶投资咨询等各类海运市场信息的掌握能力,韩国政府计划开发以亚洲航线等主要航线为重点的海上运费指数,并形成运费常态化监控与公布机制,促使韩国在中长期利用海上运费指数建立运费先导交易市场。第四,强化海外港口保障。培育由航运公司、物流企业、港口建设企业等参与的全球港口运营商,确保在海外主要港口设有韩国集装箱物流据点。综合考虑国内航运公司主要停靠港、物流量增加率、经济增长率、港口开发计划、港口运营形态等因素,加强与越南、缅甸、印度等海外国家港口合作进度及加快收购全球港口的进度。

五、休闲旅游业

世界旅游市场近 10 年来年均增长 3.9%以上，海洋旅游占整个旅游市场的比重为 50%。韩国旅游市场随着休闲时间的增加和休养欲望的变化，参与旅游活动的人口逐渐增加。韩国海洋休闲旅游游客曾在 2017 年达到 580 万人，海洋体育也扩大到冲浪（10 万人）、水中休闲（108 万人）、皮艇（1.5 万人）等多个领域。另外，在全国 110 多个渔村参加渔村体验及海洋休闲活动的达 131 万人。据韩国海洋水产开发院（Korea Maritime Institute，KMI）2015 年的研究结果显示，韩国的海洋观光总支出为 23 万亿韩元，带动经济增加值为 16.6 万亿韩元，海洋旅游的产业价值正在提高[해양수산부（海洋水产部），2019a]。因此，海洋水产部将海洋休闲旅游视为韩国下一代具有发展前景的产业，并在政策上给予大力培育。

从全国旅游情况来看，2017 年访韩游客达 1333 万人次，比 2016 年减少22.7%，但韩国国内出国旅游规模为 2650 万人次，旅游收支连续 17 年出现赤字。韩国邮轮旅游市场自 2010 年后持续增长，2016 年有近 195 万名邮轮客访问韩国，但 2017 年后出现巨大变化，受"萨德"入韩[①]影响，中国赴韩团体游快速减少，2017 年中国访韩邮轮游客约 39.4 万人，同比减少 79.8%，2018 年下降到21 万人。为此，韩国政府为了搞活旅游，提升国内旅游市场竞争力，于 2017 年12 月召开了"国家旅游战略会议"并发布《观光振兴基本计划（2018—2022 年）》，将"有旅行的日常""有旅游的地区""世界想寻找的韩国""以创新跳跃的产业"设定为推进战略。"国家旅游战略会议"在海洋旅游领域提出挖掘海洋旅游内容、搞活渔村旅游、整顿海洋旅游基础和培育高附加值旅游产业 4 部分内容。韩国海洋水产部根据这些政策推进方向，以海洋亲水文化扩散为目标，制定了培养海洋旅游产业和挖掘新海洋旅游内容的政策。主要推进内容与成果如下。

（一）海洋观光产业集中培育

培育海洋治愈·旅游产业。海洋治愈资源是利用海洋气候、海水、泥、盐、海洋生物资源等来增进身体、精神健康的活动。海洋治愈·旅游产业是利用海洋治愈资源，促进国民健康，为国民提供休养服务的产业，在德国、法国、日本等地广泛开展。海洋水产部为了挖掘以海洋为基础的新的休养资源，并将其发展为海洋新产业，从 2017 年开始推进利用海洋资源培育海洋治愈·旅游产业的政策，2019 年开展了"海洋可治愈资源挖掘及实用化基础研究"，建立海洋治愈资源的

---

① http://world.people.com.cn/n1/2016/0812/c1002-28632776.html。

信息基础,并制定商品化方案。同时,为了挖掘与沿岸地方自治团体的合作及海洋治愈资源的商业模式,将忠清南道泰安郡、全罗南道莞岛郡、庆尚南道高城郡、庆尚北道蔚津郡选定为合作地。另外,为了系统推进海洋治愈政策,2018 年 10 月向国会提交了《关于海洋治愈资源的管理及利用法》制定方案。

加大海洋休闲旅游创业培育支持力度。海洋水产部为了创造海洋休闲旅游领域的工作岗位和提供创业机会,从 2017 年开始举办海洋观光风险创业征集、优秀海洋旅游商品征集、游艇业创业说明会等。与此同时,为了向国民扩散亲水文化,提高国民对海洋的关心程度,海洋水产部从 2017 年开始举办优秀海洋旅游商品征集展。2018 年,以海洋休闲、渔村体验、吸引海外游客、海岛旅游等领域为对象举行了征集活动,选定了 6 个优秀海洋旅游商品。除此之外,为了搞活海洋休闲,各地区还召开了对游艇业的创业说明会,为创业提供信息和咨询。

谋求海水浴场利用活性化。海水浴场作为夏季韩国国内最好的海洋旅游活动目的地,形成了较高的访客需求。另外,海水浴场在夏季休假期间集中使用,严重的混乱和过于依赖十大海水浴场的现象正在加剧,造成浴场旅游便利设施严重不足。因此,海洋水产部正在推进相关措施提高海水浴场使用者满意度并确保安全、干净的浴场环境。为了消除过于依赖十大海水浴场的问题和建立海水浴场管理基础,正在进行优秀海水浴场及主要海水浴场选定事业。

（二）海洋休闲・体育活性化

扩大海洋休闲・体育参与机会。韩国海洋水产部为了海洋休闲・体育大众化,举办海洋休闲体验教室、全国海洋体育节、游艇大赛以及海洋休闲周等活动,为上百万人体验海洋休闲运动提供了机会。其中,在韩国 80 多个地方的海洋休闲体验教室,可以体验到符合地方特色的帆船、皮艇、潜水艇等海洋休闲项目,还可以接受生存游泳教育。

建立游艇服务产业生态系统。2017~2018 年,韩国集中推进游艇港湾设施维修、游艇业创业支援、游艇商务中心建设等项目,摸索建立以游艇为基础的服务产业生态系统。2020 年 5 月,韩国制定了第二次游艇港湾基本计划（2020~2029 年）,为了应对国内游艇发展环境的变化,摆脱现有基础设施扩充计划,提出建立游艇港湾设施维修业、引进面向内需的游艇产业等新的政策方向。与此同时,海洋水产部为了产业培育并提供创业机会,计划进一步活跃在国内举行的国际游艇展,并将游艇商务中心扩大为国际游艇产业交流空间。

促进水下休闲活动发展。海洋水产部为了促进水下休闲活动和产业发展,制定了 2017 年水下休闲活动的安全及活性化等相关法律,并于 2018 年制定了"第一次水下休闲活动基本计划"。水下休闲活动基本计划的主要内容是建立水下休闲条件、构建水下休闲基础设施、扩大水下休闲体验机会、搞活水下休闲推进体系。另外，为了建立水下休闲活动的基础，还将推进水下休闲创业支援、国产水下休闲设备开发支援等项目，加强水下休闲安全事故预防及合作体系。此外，韩国海洋水产部还制定了促进水下休闲活动的"海中景观地区"选划方案，并于2018年选定了江原道古城和济州岛西归浦地区两个海中景观地区。

（三）普及邮轮文化

为了降低国内邮轮市场对中国市场的依赖度，建立高水平的邮轮产业体系，韩国积极推进航线多样化、吸引外国邮轮并加强港口宣传活动。以日本、中国台湾、中国香港，以及菲律宾等东南亚国家或地区为对象加强港口宣传活动，通过亚洲邮轮合作协会（Asia Cruise Cooperation）建立邮轮目的地之间共同的港口宣传网站并推进东南亚新航线开辟。为了满足大型邮轮靠港、方便游客出入境审查、确保游客便利等，扩充邮轮码头、国际客运站等基础设施建设，扩充邮轮商品供应中心等邮轮支援设施建设。此外，完善邮轮游客观光登陆许可、出国审查程序等邮轮出入港相关制度。

与此同时，为了减少外部环境变化带来的不确定性，韩国旨在扩大内需市场，确保国内邮轮旅游市场的稳定增长。韩国计划创造运营面向不同阶层的邮轮体验团，通过广播、网络、线下宣传等谋求国民对邮轮旅游的认知转变，激发国民对邮轮旅游的关注和兴趣。

六、海洋新兴产业

当前，世界主要海洋国家都将发展海洋经济作为促进社会经济增长的重要带动力，且在海洋新兴产业领域的竞争将会更加激烈。以海运、港口、造船为代表的传统海洋产业已经进入成熟阶段，在海洋新兴产业领域挖掘新的经济增长动力成为发展必然途径。韩国海洋水产部为了建设海洋产业健康的成长生态系统，集中培育海洋战略性新兴产业，制定了"海洋新兴产业中长期发展蓝图和战略"（2018～2022年），将培养200个海洋新兴产业创业企业、海洋新兴产业销售额达到3.5万亿韩元、确保15个世界领先技术设定为2022年需要达到的三大目标。为此，提出了研究与开发（research and development，R&D）系统创新、商业化及创业活性化、持续性成长扩充、八大战略新产业集中培育等四大战略措施（图3.8）。为提前创造国民能够亲身感受到的成果，韩国未来将进一步集中政策力量，优先选定和培育海洋装备制造业、海洋深层水利用业和海洋生物产业等部分战略性新兴产业。

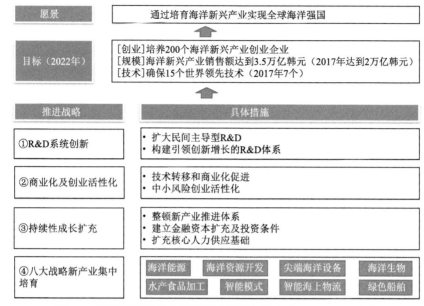

图 3.8 海洋新兴产业中长期发展蓝图和战略（2018～2022 年）

（一）海洋装备制造产业培育

除海洋装备建造领域外，海洋水产部为了支持韩国企业拓展运输、安装、维护、拆卸等高附加值服务领域，持续推进海洋工厂服务产业信息提供事业，积极支援韩国企业在海洋工厂服务领域进军海外。建立海洋工厂产业近距离支援体系和网络，政府投资 257 亿韩元财政资金，在海洋工厂相关企业密集地区——庆南巨济建设了"海洋工厂产业支援中心"。海洋水产部从 2015 年开始到 2017 年为止选定了 13 家企业进行支援，以此为基础，共承揽了 156 亿韩元规模的海外海洋工厂服务事业。代表性的海洋设备服务企业——韩国 KHAN（瞰）公司[①]为了进军东南亚产油国马来西亚，在 2016 年得到政府的支持，进行了可行性调查。通过该调查项目，掌握了海洋设备维护市场需求和可合作的当地企业等信息，2017年 5 月成功承揽了 135 亿韩元规模的马来西亚海洋平台上层设备安装及试运行工程项目。

（二）海洋深层水产业培育

世界上具备采集海洋深层水地理、环境条件的国家和地区只有少数，如韩国、美国、日本、中国台湾等属于代表性的国家和地区。美国最近在食品和医药领域

---

① http://www.waixie.net/news/info.php?id=9775.

扩大了深层水的使用范围；日本也在进行饮用水的研究，并推进深层水用于农业水产领域的研究；中国台湾则从 2005 年开始，以华伦地区为中心建设海洋深层水产业园区，海洋深层水产业发展较为活跃。韩国目前形成以饮用水为主的深层水利用产业，正在将深层水拓展应用于能源、化妆品和医药品领域。为了集中培育以海洋深层水为基础的各种产业，韩国制定了海洋深层水产业集群建设推进方案，特别是海洋水产部与江原道高城郡合作，正在推进海洋深层水产业融合发展与集群建设事业。集群建设项目将在 2024 年之前投入国家经费、地方财政、民间资本等共 1533 亿韩元，分为 3 个阶段进行。另外，2018 年 11 月投资 128 亿韩元的古城海洋深层水产业支援中心开始动工。产业支援中心将对海洋深层水相关产品从研究、试制品到成品进行批量开发、创业支援和信息共享，起到培养海洋深层水产业中心的作用。

（三）海洋生物产业培育

全球海洋生物市场持续增长，尤其是亚太地区年均增长约 5.5%，通过海洋生物材料的科学技术高附加值化，可以大大提高经济价值。目前韩国产业利用的海洋生物材料 95%以上依赖进口，以 2016 年为基准，从事海洋生物领域的韩国国内企业只有 396 家，其中 125 家企业的销售额不到 10 亿韩元，而职工未满 50 人的企业占 62.3%，显示了韩国海洋生物产业的企业规模较小，且大部分以沿岸地区为中心的海洋生物企业分布非常零散，自身资源保障能力和研发力量也非常不足，无法形成良性循环的海洋生物产业生态系统，面临着增长困难。韩国海洋水产部制定了"海洋生物产业培育战略"和"海洋水产生命资源管理基本计划"（2019～2023 年）等政策，旨在将海洋生物产业发展范式从基础技术的研发转变为以技术为中心的产业化成果创造。重点建立海洋生物资源整合信息系统（marine bio-resources information system，MBRIS），计划设立"海洋生物产业化中心"，重点培育海洋生物材料专业企业，推进反映企业需求的个性化 R&D，以及为促进商业化而建立生态系统。此外，为了获取和共享资源，今后还将以海洋生物种类多样性高的国家为中心，扩大海洋生物全球合作据点。

第三节　韩国海洋经济面临的整体形势与动向

一、韩国海洋经济面临形势

近年来，韩国经济形势不容乐观。韩国国内存在大企业与中小企业之间实力差距悬殊，内需与出口不平衡状态加剧，社会贫富差距拉大，就业形势严峻、经济"无就业增长"等固有结构性问题；对外承受着新兴经济休国际竞争力不断提升、全球市场需求疲软、中美贸易争端、日韩半导体贸易摩擦等巨大压力。2018年国内 GDP 增长率仅为 2.7%，是 2012 年以来韩国经济的最低增长率，明显低于同期世界经济增长平均水平。2019 年上半年韩国出口额下降幅度超过 8%。在韩国 GDP 中出口占比仅四成，出口受阻对韩国经济造成很大负面影响。2020 年以来，受新冠疫情全球大流行的影响，韩国经济增长显著放缓，增幅创 2008 年国际金融危机以来最低，内外需求均遭遇重创，就业压力增加，通缩风险上升。

从近期来看，即便受新冠疫情影响，2021 年韩国海洋水产部预算仍确定为 6.16万亿韩元，比 2020 年预算的 5.60 亿韩元增加了 10.0%，是海洋水产部 2013 年以来最大增长率。研究开发（R&D）预算比 2020 年预算增加 13.3%，扩大到 7825亿韩元。2021 年重点推进智能养殖模式建设，增加水产业设备安装支持费用，增强水产业竞争力；确保海洋产业安全，强化从业人员福利保障；推进港口再开发事业，扩充港湾社会间接资本，加强港口竞争力；加快建设游艇港湾建设，提高海洋观光活力；推进釜山北港整治修复和海洋垃圾管理，强化海洋环境保护[해양수산부（海洋水产部），2021]。

从远期来看，韩国将以建设"全球海洋强国"为愿景，以"更清洁、更安全、更高产的海洋"和 2030 年海洋产业增加值占 GDP 比重扩大到 10%为目标，聚焦6 个政策方向持续努力：①重建世界排名第五的海运强国，将本国港口建设成全球物流中心；②恢复渔业资源并培育高附加值水产业；③培育海洋休闲旅游产业，营造良好的创业、投资生态系统；④保护海洋环境，加强海上安全管理，实现大型海洋事故零发生；⑤推进渔村新政 300 事业，建设充满活力的渔村，实现沿海地区经济繁荣；⑥维护海洋领土完整，强化国际海洋领导国家地位[해양수산부（海洋水产部），2022d]。

二、韩国海洋经济主要发展动向

综合考虑韩国海洋经济发展现状与政策导向下的国际形势变化，可以预见韩国未来海洋经济发展具有以下五大发展动向。

（一）强化海洋支柱产业竞争力，保证国家经济增长

韩国在航运业、港口业、船舶制造业、海洋水产业等领域产业结构和技术水平均处于全球领先地位，也是本国的支柱产业。世界经济持续低迷叠加中美贸易争端、俄乌冲突等全球性事件的连续冲击，使得韩国海运物流、造船、水产等海洋支柱产业受到严重冲击。在世界经济的不确定下，韩国将推进多种举措加强海运物流、港口、造船及水产业的竞争力，旨在从海洋支柱产业中取得可视性成果，

以保证国家经济增长。通过扩展港口服务功能、开发新航线、加强国际海运交流等，巩固东北亚物流中心地位；强化韩国造船业专利培育与布局工作，为抢占市场份额做好技术储备（王楚，2020）；实现生产、加工、流通、出口全链条的技术提升，将水产业发展成为未来产业。

（二）培育海洋新兴产业，为海洋产业可持续发展创造未来增长动力

当前，中国、日本、欧盟等主要国家和地区正在战略性培育海洋新兴产业，而韩国海洋新兴产业培育效果还不理想，海洋创业企业占全国创业企业的比重仅为 2.5%，海洋产业 R&D 占全国 R&D 预算比重在 2018 年仅为 3.1%。为了确保海洋价值、创造就业岗位并挖掘未来增长动力，韩国政府将对海洋领域创新创业进行系统支援。一是通过技术融合、产品和服务融合，以及海洋领域"政、产、学、研"合作建立海洋产业生态系统；二是将海洋水产科学技术振兴院（Korea Institute of Marine Science & Technology Promotion，KIMST）指定为海洋领域创业与投资专责机构，推进适合各增长周期、各产业领域的个性化政策；三是将政府主导 R&D 模式转换为以企业、产业需求为基础主导的市场指向型 R&D 模式，同时，通过多种举措来刺激招商引资；四是搞活海洋与水产领域的投资，2019 年在韩国产业母基金中新设海洋产业母基金，重点投资海洋中小及风险企业，未来将继续扩大海洋母基金的规模。

（三）推进数字化智能化，开启海洋产业第四次产业革命

科技是驱动海洋经济发展与转型的核心动力。近些年，由于经济、社会全领域的破坏性变化，未来 10 年的变化将会超越过去 100 年的变化。因此，世界主要国家均拟通过 ICT、IoT、AI 等技术融合，复兴面临增长限制的本国产业。韩国政府也设立了"第四次产业革命委员会"，正式开始应对第四次产业革命。海洋领域也以"培育强竞争力海洋产业，提供智能化海洋公共服务"为目标，制定了海洋产业第四次产业革命综合对策。未来，韩国将提升水中机器人、自动航运系统、智能港口、智能养殖等领域核心技术水平。同时，利用尖端技术进行公共服务革新，计划建立海洋产业公共数据平台，推进智能型海上交通信息服务（e-Nav）示范运营，建立尖端 ICT 为基础的海洋安全综合管理体系等[해양수산부（海洋水产部），2020a]。

（四）强化海洋环境与海洋空间管理，营造国民切身感受到的洁净海洋环境

由于国土面积和资源条件的限制，韩国政府近年来将绿色发展上升到了国家

战略的高度，在海洋领域的管理力度也不断加大。强化海洋环境保护，制定了海洋废弃物管理法并推进海洋塑料垃圾减少30%的全周期管理和港口微尘减少50%的排放源综合管理，加强对日本放射性污染水排放的定期监测调查；增强海洋空间综合管理力度。随着海洋空间开发力度的增加和开发利用活动的复杂化及多样化，韩国海洋生态系统饱受压力且利益相关者空间利用矛盾层出不穷。为提前调整海洋利用矛盾，将"抢占式海洋利用"转变为"先计划后利用"方式，系统地进行海洋空间管理，韩国将基于《海洋空间规划法》和"海洋空间基本计划"（2019～2028年），全面推进全海域的海洋空间管理计划。

（五）推进国际合作，走海洋发展共赢之路

韩国一直积极推进多双边贸易协定谈判。截至2019年6月，韩国贸易自由化率（已签署或生效自由贸易协定对该国贸易的覆盖率）达67.9%，位居世界第一位。因此，在新冠疫情影响下，即便世界经济进入逆全球化潮流，韩国也会在适度保障经济安全的前提下，基于国家根本利益继续主张维护世界自由贸易秩序和经济开放环境，持续推进国内产业的高附加值化。2017年5月文在寅政府执政后，大力推进多边外交和经贸领域的"新北方""新南方"政策。"新北方"政策重点推进与朝鲜、俄罗斯的合作，对接中国"一带一路"，并开辟北极航线，旨在提升东北亚区域合作水平；"新南方"政策则大力发展与东盟国家及印度的关系，降低对于美国、中国等国家的贸易依存度。截至2019年9月，时任总统文在寅已经遍访东盟十国，与各国相互分享经验并探讨合作可能性，彰显了东南亚在韩国外交中的地位（董向荣和金旭，2019）。而"区域全面经济伙伴关系协定"（RCEP）的签署更是极大地鼓舞了韩国继续在自由贸易之路上行稳致远。

第四节　中韩海洋经济合作方向探讨

一、调整海洋产业结构，培育产业集群

新冠疫情下全球经济增长放缓，产业链和供应链面临挑战，世界产业发展格局与路径正发生大的变革，海洋产业受到了深刻而长远的影响。但后疫情时代，海洋经济将有望成为经济增长、产业升级的新引擎。韩国、日本等国家都在加大力度制定海洋发展战略，谋划未来发展路径，争取获得先机。我国正在从海洋大国向海洋强国转变，必须准确把握"十四五"乃至未来一段时期经济发展趋势，树立新海洋经济发展思路，寻求海洋经济发展新空间和新赛道，实现产业的转型升级和高质量发展。一是应持续调整海洋产业结构，增加政策与科技投入，推动

行业重组整合和技术进步，促进海洋渔业、海洋船舶制造、港口运输等传统优势产业提质增效；培育壮大海洋生物、海洋高端装备制造、海水淡化、海洋可再生能源、海洋信息与数字产业、海洋大健康、海洋高技术服务业等战略性新兴产业。二是在新冠疫情影响下，面对产业链对外转移的风险，需高度重视海洋产业集群的培育。通过深化经济体制改革营造更加优良的营商环境、制定针对性招商引技和研发投入策略、鼓励区域产业链上下游企业进行重组整合等方式，打造若干龙头企业引领、产业协作协同、供应链集约高效的海洋特色产业集群，不断提升国际竞争力。需要注意的是，虽然当下贸易保护主义盛行，全球化受到重创，但对外开放依然是主流，未来经济合作区域化是必然方向。因此，我国在推动产业集群发展、制定产业政策，且不能采取自给自足的"全产业链"模式时，要合理利用区域产业分工、转移和要素流动趋势，注重突破重点领域并参与国际竞争（冯立果，2019）。

二、推进智能化建设，引领创新驱动发展

为寻求海洋经济发展新动能，中韩两国均将智能化引领的科技创新放到国家战略举措的核心位置。韩国政府设立"第四次产业革命委员会"，制定了海洋第四次产业革命综合对策，在航运、港口、养殖、公共服务等诸多领域展开科技竞争攻势。我国党的十八大明确强调"坚持走中国特色自主创新道路""实施创新驱动发展战略"，新冠疫情下开启以5G、人工智能、工业互联网、物联网为代表的"新基建"建设。因此，为了获取新一代科技革命带来的新机遇，在全球科技竞争中占据优势地位，大力推动大数据智能化建设，加快海洋科技创新步伐理应成为我国当下海洋经济发展的重要任务。我国海洋经济发展需建立以企业为主体、以市场为导向的创新体系，形成科技服务于经济的良好体制和机制；创新金融方式，完善资本市场，形成有利于创新的生态环境。积极推进数字化、智能化、无人化技术向海洋产业领域渗透，加快发展深海智能养殖装备、自动航运船舶、水下机器人等人工智能设备，推进海洋物联网和海洋大数据产业化基地建设等。此外，我国可在第四次产业革命进程中，努力挖掘与韩国的共同利益基础与合作潜力，推动中韩在5G、人工智能、物联网、大数据等新科技领域展开合作。韩国船舶制造、航运等行业整合重组造成的企业裁员也为我国引进人才提供机会，我国相关企业可考虑引进韩国高技术产业人才，进一步提升我国的研发与建造技术能力，缩小在相关技术领域的差距（敖阳利，2019）。

三、坚持生态优先，促进海洋经济绿色发展

绿色发展是谋求人与自然和谐共生、经济与生态协调共赢的重要路径，许多

国家将其作为推动经济结构调整的重要举措。韩国近些年大力推动海洋领域绿色发展，积极建立绿色智能养殖体系、建设 LNG 动力船舶、治理海洋塑料垃圾和港口微尘等，增强海洋空间综合管理力度等。与之同步，我国海洋生态文明建设取得显著成效。党的十八大以来中国三次修订《中华人民共和国环境保护法》，建立并实施重点海域污染总量控制制度、海洋生态红线制度、自然岸线保有率控制制度、生态环境损害赔偿制度、海洋督察制度，出台《国务院关于加强滨海湿地保护严格管控围填海的通知》，实施最严格的围填海开发管控制度。健全自然资源资产产权制度和用途管制制度，加快建立系统完整的生态文明制度体系，引导、规范和约束各类开发、利用、保护自然资源的行为，将生态文明建设和海洋强国建设推到了前所未有的历史新高度。2019 年 5 月，《中共中央 国务院关于建立国土空间规划体系并监督实施的若干意见》正式印发，要求实现"多规合一"，坚持陆海统筹、区域协调、城乡融合，优化国土空间结构和布局。未来，我国需保持生态优先、绿色发展的战略定力，持续完善海洋绿色发展的制度设计，加快海洋生态产业化、海洋产业生态化，强化社会绿色消费导向，推进绿色金融创新与持续供给。此外，为了中韩两国合作关系取得面向未来的发展，应积极推进两国在海洋绿色发展领域开展合作，强化海洋空间规划技术交流与合作。

四、树立全球视野，谋划对外开放新格局

为应对国际经济环境变化、顺应我国经济发展新阶段的内在要求，党中央提出要"加快构建以国内大循环为主体、国内国际双循环相互促进的新发展格局"。这并不意味着对外开放的后退，而是要求进一步坚定全球化的信心，实现基于制度规则的、可应对不同外部市场变化的、可适应开放程度阶段性变化的、能够引领全球化长期发展的更高水平的开放。需要我国进一步破除机制障碍，消除市场壁垒，构建开放型经济新体制；加快推进"一带一路"建设，为我国对外合作开辟新渠道和新平台；提升自贸区建设水平，并将自贸区逐步由沿海地区推向内陆地区。在海洋经济领域，我国需进一步强化海洋国际运输通道和节点建设，全方位提升航运自主服务保障功能；深化双多边渔业合作，积极参与国际渔业条约、协定和标准规范的制订；稳步推进海运业对外开放，支持企业参与国际海运标准规范制订；完善国内国际区域旅游合作机制，统一国际、国内旅游服务标准，推动中国同东南亚、南亚、中亚、东北亚、中东欧的区域旅游合作；与国际技术转移组织联合培养涉海的国际化技术人才。通过"走出去"，为中国海洋产业拓展渠道、拓展空间。通过"引进来"，为海洋传统产业转型升级、海洋新兴产业发展提供更加有力的技术人才和服务支持。

中韩两国是近邻，都是自由贸易和开放型世界经济的践行者和维护者。我国

的"一带一路"倡议与韩国的"新南方""新北方"政策具有诸多契合点,且韩国也在公开场合表达过想要加入"一带一路"相关建设的意愿(袁达松和黎昭权,2019),"区域全面经济伙伴关系协定"(RECP)的签署更是为中韩合作带来新的重要机遇和更大的市场空间。因此,在巩固中韩现有合作基础上,需加快推进中日韩自由贸易协定谈判,深化产业间交流与合作,积极挖掘两国合作潜力,推进合作共赢。具体到海洋领域,建议依托两国在区域基础设施建设上的独特优势,共同推进中韩沿海和"一带一路"沿线国家海港设施、海底管道和物流枢纽等基础设施建设(唐亦,2019);加强海水养殖、种苗孵化、水产加工和海洋牧场技术合作,推进中韩非法渔业联合管制;积极寻求中韩两国在海洋装备制造、海洋深层水利用和海洋生物资源商业化应用领域的合作潜力;共同探索推进 5G、人工智能等新技术在海洋产业中的转化应用。

本章参考文献

敖阳利. 2019-03-15. 韩国造船"托拉斯"是否会遭"扼杀"？中国船舶报, (4).

曹博. 2019. 韩造船业全面布局绿色船舶产业. 船舶物资与市场, (2): 3-5.

陈柏全, 万鹏举, 屠佳樱, 等. 2020. 2019, 韩国造船为何能再次超越. 中国船检, (2): 47-53.

董向荣, 金旭. 2019. 东南亚何以成为韩国对外经济合作重点. 世界知识, (21): 26-27.

冯立果. 2019. 韩国的产业政策: 形成、转型及启示. 经济研究参考, (5): 27-47, 57.

桂傲然. 2019. 现代重工并购大宇造船对全球船舶动力产业格局影响几何. 中国船检, (12): 65-68.

蒋聪汝. 2019-7-4. 韩国船企资产整合的路径与影响. 中国航空报, (8).

林香红, 高健, 周怡圃, 等. 2014. 韩国海洋经济发展现状研究. 海洋经济, 4(3): 53-62.

秦琦. 2019. LNG 船建造: 韩国缘何能一枝独秀？中国船检, (8): 34-37.

唐亦. 2019. 当前如何推进中韩经济合作. 广西质量监督导报, (8): 68-69.

外交部. 2022. 韩国国家概况. https://www.mfa.gov.cn/web/gjhdq_676201/gj_676203/yz_676205/ 1206_676524/1206x0_676526/[2022-12-12].

王楚. 2020. 力保"领头羊"地位, 韩国造船业积极构筑"专利堡垒". 中国船检, (10): 46-49.

王江涛, 李双建. 2012. 韩国海洋机构与战略变化及对我国影响浅析. 海洋信息, (1): 61-64.

魏志江, 陈卓, 叶浩豪. 2014. 试论韩国海洋管理体制及其对中国的启示. 当代韩国, (4): 62-73.

阴晴, 孙崇波, 谢予. 2020-9-2. 全球造船业格局谋变. 中国船舶报, (3).

袁达松, 黎昭权. 2019. "一带一路"背景下包容性的中国—朝鲜—韩国经济合作框架. 东疆学刊, 36(4): 97-103.

Korea Offshore & Shipbuilding Association. 2020. Stastical highlights. http://www.koshipa.or.kr/ lang_eng/stati/stati_01.jsp[2021-01-20].

UNCTAD. 2020. Handbook of statistics 2020. https://unctad.org/webflyer/handbook-statistics-2020 [2021-05-13].

해양수산부(海洋水产部). 2019a. 해양수산백서(문재인정부 1 기성과와과제, 2017. 5～2019. 4)(海洋水产白皮书 文在寅政府一期工作成果与课题, 2017. 5～2019. 4). https://www.mof.

go.kr/upload/whitebook/30090/book.pdf[2020-11-10].

해양수산부(海洋水产部). 2019b. 2019 년도해양수산통계연보(2019 年度海洋水产统计年报). http://www.mof. go.kr/article/list.do?menuKey=396&boardKey=32[2020-05-16].

해양수산부(海洋水产部). 2020a. 2020 년해양수산사업시행지침서(2020 年海洋水产事业实施方针). https://www.mof.go.kr/article/view.do?menuKey=647&boardKey=57&articleKey=28421 [2021-01-23].

해양수산부(海洋水产部). 2020b. 2030 년까지스마트항만을구축, 글로벌경쟁력강화(2030 年前建立智能港口, 加强全球竞争力). http://www.mof.go.kr/article/view.do?articleKey=36220& boardKey=10&menuKey=971&currentPageNo=1[2021-06-11].

해양수산부(海洋水产部). 2020c. 글로벌경쟁력을갖춘한국형스마트항만의시대가열립니다! -2030 항만정책방향및추진전략발표(具有全球竞争力的韩国型智能港口时代即将开启! -2030 港口政策方向及推进战略发表). https://blog.naver.com/koreamof/ 222146884637[2021-05-10].

해양수산부(海洋水产部). 2021. 2021 년해수부예산이 6 조 1, 628 억원으로확정되었습니다!(2021 年海水部预算确定为 6 兆 1628 亿韩元!). https://blog.naver.com/koreamof/222167908621 [2021-11-06].

해양수산부(海洋水产部). 2022a. 설립목적및연혁(设立目的及沿革). http://www.mof.go.kr/ content/view. do?menuKey=409&contentKey=5[2022-05-10].

해양수산부(海洋水产部). 2022b. 조직현황(组织情况). http://www.mof.go.kr/content/view.do? menuKey=630&contentKey=6[2022-04-12].

해양수산부(海洋水产部). 2022c. 어업생산량및양식량 - 어업생산량(渔业及粮食产量-渔业产量). https://www.mof. go. kr/statPortal/cate/statView. do[2022-04-22].

해양수산부(海洋水产部). 2022d. 비전및목표(展望及目标). http://www.mof.go.kr/content/view. do?menuKey=408&contentKey=2[2021-10-12].

한국해운협회(韩国海运协会). 2022. home. https://www.shipowners.or.kr:4432/index.php [2021-12-11].

第四章　朝鲜海洋经济发展及中朝合作方向探讨

朝鲜，全称朝鲜民主主义人民共和国，位于亚洲东部朝鲜半岛北半部。朝鲜北面以鸭绿江、图们江与中国相邻，东北部与俄罗斯有陆地边界，南部隔军事分界线与韩国接壤，东面隔日本海与日本相望，西南面为黄海（包括西朝鲜湾），是连贯亚洲大陆和日本列岛的天然通道，对我国开发海上丝绸之路起着重要枢纽作用。朝鲜国土面积约 12.3 万平方千米（中华人民共和国外交部，2021；金昌成，2016），海岸线总长约 3000 千米[서종원(徐宗元)，2016]，具有较为丰富的海洋生物、能源、旅游和运输资源。海洋产业在朝鲜国民经济发展中具有重要地位，发展海洋科技、开发和利用海洋资源，对建设富强国家、改善人民生活具有重大意义。

第一节　朝鲜行政推进机制

朝鲜于 1948 年 9 月 9 日建国，采取人民会议制的政权组织形式和单一制的国家结构形式，实行朝鲜劳动党执政兼与民主党派合作的政党制度。在劳动党的领导下，依据 2016 年朝鲜第 13 届最高人民会议第四次会议修改后的宪法，朝鲜国家机构主要由权力机关、行政执行机关、司法检察机关等构成。朝鲜的最高权力机关是最高人民会议，其闭会期间常设机构为最高人民会议常任委员会。国务委员会是国家权力的最高政策领导机关，向最高人民会议负责。国务委员长为朝鲜最高领导人，指挥和统率国家的全部武装力量，指导包括国内外事业在内的整个国家事业。2019 年 4 月，朝鲜第 14 届最高人民会议第一次会议再次推举金正恩为国务委员长。内阁是国家权力的最高行政执行机关。根据中国外交部网站信息显示，当前朝鲜内阁由 3 委员会、35 相、2 局、1 院、1 银行共 42 个部门组成（图 4.1）。朝鲜地方权力机关是按行政区组织的地方人民会议及其闭会期间的地方人民委员会。朝鲜的地方行政机构分为道（直辖市）、市（区）、郡三级。在道（直辖市）层面，朝鲜全国划分为 1 个直辖市（平壤市）、2 个特别市（罗先市、南浦市）和 9 个道（平安南道、平安北道、慈江道、两江道、咸镜南道、咸镜北道、江原道、黄海南道、黄海北道）（中华人民共和国外交部，2021）。

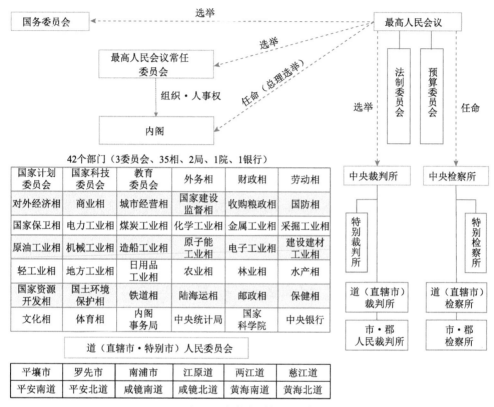

图 4.1　朝鲜行政推进机制

第二节　朝鲜主要海洋产业发展现状

一、水产业

朝鲜东西两侧有广阔的海域和滩涂，东侧海域寒暖流交汇，又与世界三大渔场之一的西北太平洋渔场相邻，水产资源十分丰富（金昌成，2016）。朝鲜领导人深知水产养殖对国家经济发展和人民饮食生活的重要性，且在国际社会加强对朝制裁的形势下，水产品是朝鲜赚取外汇的重要手段，因此朝鲜政府对水产业的发展十分重视，提出建设主体化、现代化和科学化的综合水产业。

朝鲜的水产业包括捕捞渔业、浅海养殖、淡水养殖和水产品加工业。捕捞渔业方面，朝鲜建立了以太平洋西北部渔场为中心的远洋渔业专门企业，组建以加工母船为中心的渔船队，使远洋捕鱼正常化。近海渔业则由许多水产事业所、水产合作社、临海合作农场、机关和企业开展，使用小型渔船和简单的渔具致力于四季在近海进行小型渔业；浅海养殖在朝鲜国家水产品生产中占很大比重。朝鲜东海和西海海岸建有许多浅海养殖基地，以海带、裙带菜、紫菜等藻类和牡蛎、贻贝等贝类的混合养殖为主。据 2018 年联合国粮食及农业组织发表的《世界水产养殖白书》，2016 年朝鲜生产海藻 48.90 万吨，成为继中国、印度尼西亚、菲律宾和韩国之后，世界第五大海洋藻类养殖国。近些年，朝鲜逐步扩大浅海养殖场面积，不断提升养殖科学化、集约化水平；淡水养殖方面，朝鲜本着生产力地区均衡原则，在西海岸建立了大规模的鲟鱼养殖体系，在东海岸建设有大西洋鲑等高级鱼类的研究、养殖、加工一体化的综合水产研究所。为了鼓励提升养殖效率，还建有若干示范养殖场，引导淡水养殖规范高效运行；水产品加工是朝鲜水产业中具有特色的一个重要行业。朝鲜建设有葛麻食品厂、平壤大庆紫菜加工厂等现代化的水产品加工基地。技术水平上，虽然朝鲜的水产品加工能力和加工技术还较为落后，但当前能较好地解决由于狭鳕鱼汛期短、产量高的渔获物处理加工问题。

　　从 1990～2019 年朝鲜水产品产量变化趋势来看（图 4.2），从 1990 年开始，受朝鲜经济困难影响，水产品产量急剧减少，到 1998 年下降到阶段性底部，水产品产量仅为 62.70 万吨。1999～2004 年，朝鲜水产品产量呈逐年递增趋势，2004 年增加到 116.90 万吨，这主要源于非正式的私人捕鱼行为。2004～2010 年，由于加强了对捕鱼行为的管制，朝鲜的水产品产量呈现波动递减趋势。2010～2016 年再度逐年递增，2016～2019 年出现了波动下降态势。整体来看，朝鲜水产品产量没有呈现逐年递增的良好态势。从外因来看，多年的经济制裁使得朝

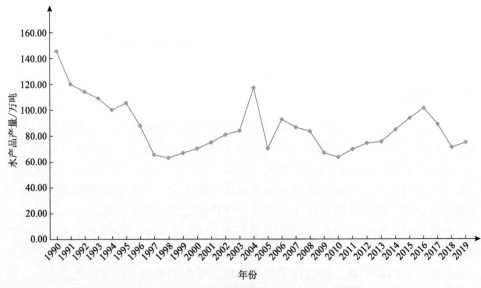

图 4.2　1990～2019 年朝鲜水产品产量变化趋势

鲜经济基础较差、电力缺乏，速冻和储存冷库的规模较小、设施落后，水产加工业的发展受到一定程度的限制；从内因来看，朝鲜资金短缺，重整老化的渔船或建造远洋渔船的资本投入较为困难，且在朝鲜能源严重短缺的情况下，渔船用油难以持续供给[한승호（韩承浩），2017；통계청（韩国统计厅），2021]。2021年1月，金正恩在朝鲜劳动党第七届中央委员会工作总结报告中指出，水产部门要努力推动渔船和渔具现代化，实现科学捕鱼，要巩固水产事业所和船舶修理基地，有计划地进行保护和增殖国家水产资源的工作，有步骤地增加水产品生产（金正恩，2021）。

二、滨海旅游业

朝鲜全国森林覆盖率达80%以上，拥有山川和海洋相互结合的自然风光，旅游资源丰富多样。朝鲜拥有首都平壤以及开城、元山、咸兴、南浦、新义州和清津等享有盛誉的旅游城市，有白头山、妙香山、金刚山、七宝山、九月山、马息岭滑雪场、云林瀑布、松涛园等名胜；此外，还有松岩洞窟、龙门大窟等地质旅游资源和西海水闸等文化旅游资源。新冠疫情前，随着世界旅游业的快速发展以及朝鲜半岛局势日渐稳固和安全，朝鲜逐步成为新的旅游热点。朝鲜劳动党和政府把旅游业视为拉动国家经济增长、提高人民生活水平、加强同世界各国人民友好合作与交流的重要领域，坚定且有计划性地推进国家旅游业发展。

第一，朝鲜积极创建旅游开发区，多方面发展对外经济关系。在朝鲜现有的26个经济特区及经济开发区中（表4.1），涉及包含发展国际旅游业的经济开发区共计14个，其中金刚山国际旅游特区、茂峰国际旅游特区、新坪旅游开发区、青水旅游开发区、稳城岛旅游开发区为专属旅游经济开发区。最具代表性的就是金刚山国际旅游特区，其拥有140多个历史遗迹，10多个沙滩，多个海滨浴场、自然湖泊，680多个旅游胜地以及4个矿泉资源，可以满足多种不同目的的观光需求，是世界罕见的一年四季都能观光的旅游胜地。而且，它具备较为坚实的工业、农业、渔业、旅游业和服务业发展基础，有利于地区产业综合开发。朝鲜政府现阶段将投资重点放在电力和通信设施、道路、铁路、港口、水源地、污水处理系统等基础设施建设和完善上，与各方面的优惠措施一道，积极促进合营、合资、外商独资企业、建设-经营-转让（build-operate-transfer，BOT）开发方式等多种投资方式的交流，旨在将金刚山国际旅游特区建成世界级绿色旅游胜地和朝鲜式现代文明旅游区。同时，朝鲜还积极促进黄海北道新坪旅游开发区、咸镜北道稳城岛旅游开发区以及平安北道青水旅游开发区等旅游地区的开发。

表 4.1 朝鲜经济特区及经济开发区

单位	种类	地域	面积/平方千米	功能
中央级经济特区（5个）	罗先经济贸易区	罗先市	470.00	朝鲜最早创立的经济特区，2010年升格为特别市。计划建设为转口贸易、出口加工、金融、服务四大支柱的综合性加工贸易区
	黄金坪-威化岛经济区	平安北道新义州市	52.49	地处中朝经贸要地新义州-丹东过境地点附近，是鸭绿江下游的经济特区。该区是以信息产业、轻工业、农业、商业、旅游业为基础开发的综合开发区
	开城工业区	开城市	65.70	开城工业区被开设为韩国资本单独投资、开发的特区，是以信息通信等尖端产业为主的高科技园区，配套建设商业区、生活区、旅游区、物流中心
	新义州国际经济区	平安北道新义州市	40.00	新义州市隔鸭绿江1千米宽的水面与中国丹东相望，是朝鲜的轻工业基地，在全国消费品生产中占有很大比重。新义州国际经济区旨在建设结合尖端技术产业、贸易、旅游、金融、保税工业等的综合经济开发区
	金刚山国际旅游特区	江原道高城郡和锦江郡	225.00	目标是把朝鲜的名山金刚山开发成世界旅游特区。开发方向大体上以元山市为中心，开发成多种度假文化设施和生态环境条件协调的国际旅游区，将金刚山区、通天地区、石王寺地区开发成生态环境良好的历史性旅游区，以及休养及治疗旅游区
中央级经济开发区（4个）	康翎国际绿色示范区	黄海南道康翎郡	3.50	康翎郡是适于种植红薯等各种农作物的地区，且水产资源丰富，具有有利于养殖的海洋条件与生态条件。朝鲜计划利用自然地理条件，把这一地区建设成为以绿色产业技术研发，有机农产品和水产品加工、贸易为基础的绿色工业地区
	恩情尖端技术开发区	平壤市恩情区	2.00	恩情区聚集了国家科学院及众多重要基础研究和应用研究机构、信息服务企业和理工大学等高等院校，聚集了数千名科学技术人才。开发区主要功能为：信息技术、纳米及新材料、生物工程领域的研究开发与引进，尖端技术产品的生产与出口，尖端技术展示与交流
	镇岛出口加工区	南浦市卧牛岛区	1.37	附近有直接通向中国和东南亚的对外贸易港（南浦港）以及拥有几十年的机械、电子、轻工业等工业历史的平壤，利用南浦市的地缘优势和丰富的人力，加工进口原材料，生产并出口电气、电子、化学品等各种产品，把这一地区建设成为加工出口贸易和保税贸易相配合的地区
	茂峰国际旅游特区	两江道三池渊郡	20.00	三池渊郡有白头山、三池渊、李明秀、武浦等名胜地和革命战迹地。茂峰国际旅游特区是以旅客综合服务、旅游商品生产为主的综合性旅游开发区

续表

单位	种类		地域	面积/平方千米	功能
地方级经济开发区（17个）	经济开发区	满浦经济开发区	慈江道满浦市	3.90	满浦经济开发区的目标是建设成以现代农业、旅游度假、对外贸易为主的集约型经济开发区
		清津经济开发区	咸镜北道清津市松坪区	5.40	松坪区有清津港和朝鲜最大的生铁、钢铁、压延钢材生产企业——金策钢铁联合企业和清津火电厂，周边地区有机械厂、化纤厂、汽车厂等工矿企业。清津经济开发区的目标：以金属加工、机器制造、建材生产、电子和轻工业产品的生产为支柱产业，结合通过清津港转运中国和俄罗斯的物流业，从而发展成为东北亚重要的对外经济合作地区
		庆源经济开发区	咸镜北道庆源郡	1.91	目的是建设成具有国际竞争力的以电子信息产品生产、水产食品加工等工业为主的，以贸易和旅游业相结合的综合性经济开发区
		惠山经济开发区	两江道惠山市	1.00	惠山经济开发区的目标是建设成以出口加工、现代农业、旅游度假、对外贸易为主的经济发展密集区。开发区湖岸将建设同旅游娱乐业相结合的国际服务基地，在丘陵地区建设现代化的轻工业生产基地以及有助于两江道林业发展的矿山机械和林业机械制造基地、木材加工基地
		鸭绿江经济开发区	平安北道义州郡	6.30	新义州市连接中国，是朝鲜与中国的贸易品集散地、贸易货物流通中心。鸭绿江经济开发区的目标是建设成以现代农业、旅游休养和对外贸易为主的集约型经济开发区
	工业开发区	渭原工业开发区	慈江道渭原郡	2.30	渭原工业开发区附近有与中国吉林省相连结的渭原过境地点、满浦过境地点等出入境通道，具备便利的进出口物资运输条件。开发区将建设现代化的工业基地，开展矿产资源加工、木材加工、机械设备制造、农副产品加工以及建设成为蚕业与淡水渔业科学研究基地
		岘洞工业开发区	江原道元山市	2.00	利用东海岸与日本的主要海上通道——元山港的地理优势，以信息产业、轻工业、旅游纪念品生产业为主发展工业开发区。积极将其他城市特产引入开发区，刺激旅游纪念品生产
		兴南工业开发区	咸镜南道咸兴市	2.20	咸兴市是朝鲜化学工业的重心，兴南化肥联合企业、二·八维纶联合企业、兴南制药厂等大规模化工企业集中于此，也有龙城机械联合企业和木材、纺织等各部门工厂。兴南工业开发区的目标是建设以保税加工、化学品生产、机械设备制造、建材及药品生产为主的工业开发区
		清南工业开发区	平安南道清南区	2.00	开发区所在的清南区有平安南道最大的煤炭生产基地——安州地区煤矿联合企业。开发区主要发展采煤工业发展所需的设备、零件和工具制造，以及以煤炭为原料进行化学品生产、销售和出口

续表

单位	种类		地域	面积/平方千米	功能
地方级经济开发区（17个）	农业开发区	渔郎农业开发区	咸镜北道渔郎郡	5.10	渔郎郡地处朝鲜东海岸有利于农业生产的地区，这一地区以出产的大米和水果味美独特而遐迩闻名。渔郎农业开发区的目标是以建设农业科技研发基地为基础，发展成集育种、畜产、果树、水产养殖相配套的，引进现代高效循环生产体系的农业基地和水产品加工据点
		北青农业开发区	咸镜南道北青郡	3.50	北青郡自古以盛产苹果而遐迩闻名，现在已有几十平方千米的果园和综合性水果加工基础。北青农业开发区的目标是建设结合果树业和水果综合加工业、畜牧业的循环生产体系的现代化农业基地
		肃川农业开发区	平安南道肃川郡	3.00	开发区将建设成采用有机耕作法生产水稻、玉米、水果，养蚕、采种、育种、加工基地以及有机农业研究基地；有机肥料和有机农药生产基地；畜牧业基地；采用循环生产体系的现代农业研究开发及生产加工基地
	旅游开发区	稳城岛旅游开发区	咸镜北道稳城郡	1.69	开发区拥有高尔夫球场、游泳馆、赛马场、民族餐厅等旅游服务设施，目标是建设成专门为外国游客提供休息观光服务的旅游级度假区
		青水旅游开发区	平安北道朔州郡	20.00	建设具备现代旅游服务设施的旅游开发区，还将建设特产加工区以及畜产、果树和水产养殖基地
		新坪旅游开发区	黄海北道新坪郡	8.10	新坪旅游开发区位于首都平壤与即将建成国际旅游城的江原道元山市的旅游公路中间地带，交通较为便利。该区计划开展供游客游览、探险、休养、体育、文化、娱乐、住宿等多种多样的旅游活动，形成具有综合性服务功能的现代化观光地区
	出口加工区	卧牛岛出口加工区	南浦市卧牛区	1.50	卧牛岛出口加工区位于朝鲜西海大同江口西海水闸水域，与朝鲜最大的国际贸易港（南浦港）相距10千米。利用地缘优势与丰富的人力，该区主要开展出口指向型加工装配业。未来，计划在以南浦港为中心的南浦市有利地区和风景秀丽的西海水闸水域，建设金融、旅游、房地产、食品加工业相结合的综合性经济开发区
		松林出口加工区	黄海北道松林市	2.00	朝鲜计划把该地区开发成集约型出口加工区：利用通过松林港、南浦港进口的原材料进行出口加工装配；利用冶金基地黄海钢铁联合企业生产的各种钢材以及国内外的其他原材料进行二次三次加工并出口；为保证出口加工的正常开动而开办仓储业及货运服务等辅助产业

注：2013 年 5 月，朝鲜正式颁布《朝鲜民主主义人民共和国经济开发区法》，除 5 大中央特区外，综合考虑地方资源禀赋和比较优势，陆续设置若干中央经济开发区和地方级经济开发区。截至目前，朝鲜共设有 5 个中央级经济特区，4 个中央级经济开发区，17 个地方级经济开发区等共 26 个经济特区及经济开发区[通日부 통일교육원（韩国统一部国立统一教育院），2016；郑花顺，2017]。根据朝鲜宪法及有关法律规定，外国法人或个人可以同朝鲜的机关、企业和团体在经济特区等指定区域内开办合营、合作企业。朝鲜鼓励外国投资者向科研和高科技领域投资，向基础设施建设部门提供现代化设备和尖端技术，向生产具有国际市场竞争力产品的部门进行投资，也可与旅游、服务部门组织合营、合作企业。

第二，朝鲜聚焦重点旅游建设项目，努力提高服务质量。为贯彻集中一切力量发展经济的新战略路线，朝鲜旅游部门决心把三池渊地区、元山葛麻海岸旅游区、平安南道阳德温泉旅游区等建设成世界级旅游景区，配套建设现代化的商业、饮食和文化娱乐服务设施，不断提高服务水平，以吸引更多外国游客（郑慧景，2019；江亚平和程大雨，2019）。

第三，朝鲜不断简化出入境手续、开辟新的旅游线路和优化旅游产品，旨在为游客提供满意的旅游行程。除自然风光和历史遗迹等传统景点外，朝鲜还提供老年交流旅游、候鸟观察旅游、飞行爱好者旅游、马拉松旅游、自行车旅游、登山旅游等各种主题游。此外，朝鲜政府为提高服务水平，进行大量人力资源投资，平壤观光大学等专门教育机构每年为朝鲜培养大量专业旅游业务人员、导游和翻译。

第四，朝鲜重视旅游基础设施和服务设施建设与管理。朝鲜政府并没有颁布限制外国游客数量的规定，旅游旺季外国游客数量受限主要源于出入境口岸的接待能力有限以及铁道运输能力不足。面对较为落后的旅游基础设施情况，朝鲜政府在努力推进运输工具现代化，改善运输服务的同时，积极开辟飞机和船舶新航线。此外，朝鲜政府还大力修建饭店、旅游公路、服务基地以充实旅游基础设施，并提供多项优惠措施，欢迎中国企业家及其他外商对旅游区和旅游基础设施建设进行投资，且愿意与世界各国旅游部门积极开展国际交流与合作。

由于朝鲜并未公布其国民经济统计数据，韩国和国际组织也未对朝鲜旅游业进行统计，旅游业数据无法获得。新冠疫情前，在诸多有利于旅游业迅速发展的主客观因素下，朝鲜的国际游客人数增长较快。据有关报道显示，2014 年，约有9.5 万名中国游客和 5000 名西方游客到朝鲜旅游，旅游收入约 4360 万美元（胡若愚，2015）。2015 年，朝鲜入境游客人数约 10 万人次，其中中国游客占九成以上。2018 年到朝鲜旅游的外国游客大幅增长，突破 20 万人次（莽九晨，2019）；2019 年正值中朝建交 70 周年之际，国外游客人数更超过 30 万，朝鲜入境游中国游客大幅增加，高峰期每日近 2000 人，创历史新高（李志刚，2019）。

三、海洋能源业

朝鲜目前的能源系统较为简单和传统，由石油、煤炭、电力和其他能源构成。受供给渠道和外汇不足的限制，朝鲜的原油进口量有限，主要依赖"中朝友谊输油管道"从中国获得原油，最近几年一直保持在每年 388.50 万桶的水平。朝鲜大部分进口原油主要用于与军事经济相关的产业、关键交通运输领域以及部分火电厂点火燃料，朝鲜家庭供暖、炊事等使用量极小。煤炭方面，朝鲜蕴藏着几百亿吨以上的煤炭资源。由于原油进口困难，朝鲜产业的正常运转寄托于煤炭生产的正常化，并强调煤炭是"工业的粮食、国民经济的生命线"。朝鲜从社会主义工

业化初期开始，根据自力更生发展路线，建立了以煤炭能源为基础的工业生产体系，20 世纪 80 年代煤炭生产已经高度深化。此后，由于采煤设备老化、新设备投资不足、材料供应困难的叠加影响，从 20 世纪 80 年代后半期开始，煤炭产量已经呈现出减少趋势，这种趋势一直持续到 90 年代末期。2000 年后，在日本、中国等国家的煤炭进口需求下，朝鲜煤炭产量阶段性回升。2016～2017 年，在联合国安理会持续强化对朝制裁影响下，朝鲜煤炭产量大幅度下降，2018 年达到最低位 1808 万吨[김경술(金硬术)，2015]。电力方面，朝鲜电力由火电和水电组成。20 世纪 90 年代，国际环境的剧变使得朝鲜原油进口量和煤炭产量急剧减少，进而导致严重的电力困难，朝鲜发电量从 1990 年的 277 千瓦时下降到 1998 年的 170 千瓦时。2000 年以后，朝鲜政府出台政策要求建设江原道元山青年发电站、慈江道熙川发电站、两江道白头山英雄青年发电站等中大型水力发电站，但朝鲜的电力尚未恢复到 20 世纪 90 年代初期的水平，仍是朝鲜经济复苏的最大绊脚石。

2016 年 5 月朝鲜劳动党第七次全国代表大会提出要切实执行“2016～2020 年国家经济发展五年战略”，强调解决电力供应问题是“五年战略”的前提条件，也是推动经济发展和提高人民生活水平的中心环节（观察者网，2016），要集中国家力量加强对电力工业部门的投资，加快水力发电站的建设，探索研究潮汐、风力和核能发电，切实解决电力供应问题。积极开发和利用可再生能源是进一步加强经济自立性和主体性的重要要求。因此，朝鲜逐步将能源发展视角转向海洋，积极研究谋划海洋能的开发利用。

朝鲜西海海岸线曲折多端、岛屿众多，潮差很大，潮汐资源丰富，具有开发和利用潮汐能的有利条件。朝鲜 1978 年在平安南道大安郡西海岸建成 500 千瓦的大安潮汐发电站，并开始向附近工厂输电。1979 年在黄海南道殷栗地区建设 16 万千瓦规模的大型潮汐发电站，但目前已处于中断状态，此外还有海州潮汐发电站、瓮津 1 号潮汐发电站和清水道潮汐发电站。朝鲜的潮汐资源开发基本方式是将滩涂建设与潮汐能发电站建设相结合进行，以降低建设成本。金正恩在朝鲜劳动党第八次代表大会作第七届中央委员会工作总结报告时提到，要制定能够满足将来的需求和应对未来主客观变化的中长期战略，集中国家力量建设潮汐电站（金正恩，2021）。此外，朝鲜还拥有丰富的风力资源。朝鲜的风能集中在海岸、潮汐地带和分水岭地区。特别是白头山地区和以阳德郡裙带地区为首的分水岭地区，铁山郡、盐州郡、龙渊郡、青丹郡等西海岸地区，罗先、龙川等东海岸地区，鸭绿江下游和清川江下游的潮汐地带，是朝鲜具有代表性的风能开发区，年平均风速为 5～8 米/秒，甚至可达 10 米/秒。朝鲜在 20 世纪 80 年代就从民主德国、丹麦等地引进了风力发电机，目前主要在黄海南道和平安北道的山区农场、岛屿地区、沿海地区军队等地设置并运营小型风力发电设备。目前朝鲜可开发的年风能资源为数百亿千瓦，可形成几百万千瓦的电力生产能力，积极开发风力资源对朝鲜能源生产和供给正常化，具有非常重要的意义。朝鲜下一步将把科学技术放在首位，引进并掌握相关设备和技术，做好风能资源评价，稳步探索风力发电事业。

四、船舶制造业

对海洋国家朝鲜来说，发展船舶工业对发展水产业、港口运输和对外贸易具有重要意义，而且对开垦海涂、整治河川等工程项目也具有关键意义。朝鲜船舶工业现已初步发展成为可以依靠本国技术力量和原材料建造国民经济各部门所需基础船舶的自立型现代化工业。图 4.3 显示了 1990～2019 年朝鲜船舶持有吨数变化，可见在 1990～1997 年间，朝鲜船舶工业有明显发展。之后直至 2014 年前，朝鲜船舶持有吨数呈下降趋势。2014～2015 年间，朝鲜船舶工业发展较快，持有吨数明显提升，2017～2019 年船舶持有吨数保持在 101 万 GT。总体上，朝鲜船舶持有吨数不多，多为小型船舶，且大多是 20 世纪 70、80 年代的老旧船舶，各种设备较差，存在船舶保养缺乏，船体状况较差的问题（葛益民，2015）。2018 年 7 月，金正恩视察清津造船厂时强调，朝鲜应发展船舶工业，大量建造大型货船、客货船、渔船和战舰等各类船只，以进一步巩固发展水产业、海上运输、对外贸易和国防力量（中国新闻社，2018）。朝鲜劳动党第七届中央委员会工作总结报告则向陆海运部门提出了要继续建造符合世界造船技术发展趋势的大型货轮。

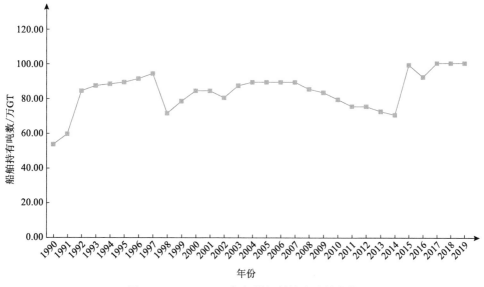

图 4.3　1990～2019 年朝鲜船舶持有吨数变化

五、港口运输业

朝鲜拥有约 3000 千米的海岸线，但由于东西海岸分离，地区间的海运发展面临一定困难。朝鲜的主要港口有西海地区的南浦港、松林港、海州港，东海地区的清津港、罗津港、先锋港、兴南港、元山港等 8 个贸易港口。据悉，8 个贸易港的总码头岸线长 14534 米，整体年装卸能力 3680 万吨，接岸能力 30.6 万 GT（表 4.2）。1990～2019 年朝鲜港口总装卸能力呈现逐年上升的趋势，但上升速度较为缓慢，2018～2019 年达到 4361 万吨，仅比 1990 年增长 24.96%。朝鲜海运存在和其他交通运输方式相同的问题，海运港湾设施及船舶日渐老旧，致使维持正常的国际贸易都存在困难。国际社会长期以来对朝进行国际贸易制裁成为朝鲜港口运输业发展的重大障碍因素。

表 4.2　朝鲜主要港湾（口）设施[据서종원（徐宗元），2016]

港口	年装卸能力/万吨	接岸能力/万 GT	最大水深/米	码头岸线长度/米
清津港	800	1.5	12.0	2695
兴南港	450	1.5	13.0	2061
罗津港	300	2.0	11.0	2448
元山港	360	1.0	7.9	3166
南浦港	1070	3.0	13.5	1994
海州港	240	0.6	12.0	1305
松林港	160	1.0	10.0	400
先锋港	300	20.0	23.0	465

第三节　朝鲜发展海洋经济主要举措

海洋产业在朝鲜国民经济发展中具有重要地位，对建设富强国家、改善人民生活具有重大意义。虽然朝鲜当前海洋经济整体实力较为薄弱，但其基于宏观经济环境与海洋产业基础，积极谋划海洋经济发展。

（1）重视科学技术，高瞻远瞩推进海洋资源开发、利用和保护工作。2015 年，朝鲜建立了国家海洋资源开发战略，要求陆海运相、水产相、国土环境保护相在内的相关机构，积极推进包括海洋调查、海洋观测和研究、海洋开发技术等事业发展，旨在以科学技术为基础推进海洋资源开发。2016 年 5 月，朝鲜劳动党第七次全国代表大会提出科学技术强国建设路线，要求建立符合知识经济时代要求的产业结构、经济结构。国家增加对科技部门的投资，社会对科技发展更为关注。

2018 年 4 月，朝鲜劳动党第七届中央委员会第三次全体会议提出集中全部力量推进社会主义经济建设的新战略路线，要求依靠科技发展经济，改善人民生活。之后科技部门大力开展尖端突破战：海洋水产部门通过采取整顿渔场、构筑人工鱼礁等措施增加海洋水产资源量，通过促进移动式网箱养殖技术、海珍品养殖技术研发与应用，促进海水养殖的科学化、工业化与集约化，计划创造"黄金海历史"；海洋能源领域，朝鲜科研人员加大对潮汐发电的基础研究，研制出处于试验阶段的可利用潮流能的水路灯和浮标等；此外，有关单位正在研制和应用现代化海洋资源开发手段，改善海洋观测、分析和信息服务体系。

（2）注重人才教育。朝鲜劳动党高度重视全民人才教育，提出实现科学技术大众化，造就全体人民成为技术型、智能型人才的宏伟目标。1967 年朝鲜实施了普遍的九年义务教育制，1972 年实施了普遍的 11 年义务教育制。2012 年 9 月发布了最高人民会议关于施行普遍的 12 年义务教育制的法令，从 2014 年 4 月开始在全国范围内正式实施（李文心，2019）。此外，朝鲜大力支持高等教育发展，根据社会和世界发展趋势，紧密结合教育、科学研究和生产，不断改进高等院校教育纲领，改善教育条件和环境，实现教育内容实用化、综合化和现代化（金正恩，2020）。金日成综合大学、金策工业综合大学、元山农业综合大学等重点大学已成为学术中心、信息中心、资料服务中心、远程教育中心，在朝鲜全国范围内积极进行科技普及和交流工作，这为海洋经济发展提供较好的人才储备。

（3）推进海岸带综合管理。朝鲜从建国开始就把海岸管理列为主要政策问题。为了保护海岸资源以及利用海洋丰富的自然资源可持续性地促进经济发展和人民生活水平提高，朝鲜形成了从中央到地方的管理机构体系，制定海洋污染防治法和海洋环境保护法等法律，并通过社会运动推进海岸保护。2000 年 9 月东亚海环境管理伙伴关系（Partnerships in Environmental Management for the Seas of East Asia，PEMSEA）将朝鲜南浦市选定为东亚海域 6 个海岸带综合管理（Integral Coastal Management，ICM）示范地之一，并进行了南浦沿岸主要栖息地保护和修复事业，这成为朝鲜推动 ICM 发展的契机。之后朝鲜将 ICM 方法体系扩大到元山-金刚山国际旅游胜地海岸以及其他沿海地区，并进一步研究全国的 ICM 政策，持续推进海岸带综合管理，旨在增强海岸带综合管理水平的同时，在东亚海洋可持续发展战略（Sustainable Development Strategy for the Seas of East Asia，SDS-SEA）中发挥朝鲜的使命和作用。

（4）加强国民海洋意识宣传力度。朝鲜将每年 7 月 12 日定为国家海洋日。以此为契机，朝鲜全国各地积极举办海洋科技成果发布会或展览会等海洋科学技术交流活动，海洋污染、海洋动植物采集和保护知识课堂等科学知识普及活动，以海洋探险和开发为主题的电影招待会，以及多种多样的海洋体育文化活动，不断提升国民海洋意识和海洋知识储备，让人民更加热爱海洋。

第四节　中朝海洋经济合作方向探讨

一、中朝合作环境逐步趋好

（一）中朝发展战略契合

面对国内外巨大的政治、经济与民生压力，朝鲜当前深知缓和半岛局势、融入国际分工体系、发展经济、改善民生对于巩固国家安全和提升自身综合实力的重要性（王豪，2019）。在国际社会制裁、美国敌视政策、自然灾害乃至新冠疫情的多重困扰下，朝鲜在保障国家传统安全的核心前提下，依然持续执行社会主义经济建设新战略路线，重视国家的民生建设与经济发展，在改善经济管理、改善通关口岸条件等各个方面做着积极准备。2020 年 10 月，金正恩承诺要让朝鲜人民过上不再吃苦、尽情享受富足而文明的生活；2021 年 1 月，金正恩指出今后劳动党的经济战略是整饬性、充实性战略，要推动国民经济走上正常轨道（金正恩，2021）。未来，如若国际社会解除或部分解除对朝制裁，朝鲜对外经济合作的前景将会更加明朗。而维护好与中国的高度政治互信关系，是朝鲜突破封锁，获得安全保障，进而重新融入国际社会、融入区域合作的首要且关键一步。中国领导人则在多个场合强调将大力支持朝鲜转向经济建设的新战略路线，2018 年 3月～2019 年 6 月，中朝共进行了五次首脑会晤，习近平总书记在访朝期间表示中朝关系进入新的历史时期，双方对"中朝友好合作关系是双方坚定不移的方针"达成共识，这就构成新时代中朝的战略基础。

（二）中朝合作互补

中朝两国经济交往具有较强互补性。朝鲜具有丰富的矿产、水产等自然资源以及高素质且相对低廉的劳动力资源，对资本、技术和设备等有较大需求。我国则在资本、技术、管理、人才、经营、改革开放的示范作用等领域具有较强的比较优势，且随着产业结构和价值链的调整，存在大量劳动密集型、资源密集型产业需要向外转移。中国已有对朝投资主要集中在矿物开发、制造业、服务业和贸易等行业，针对资源开发和市场开发的投资动机较为明显，而朝鲜则有将经济资源转换成经济发展所需的动力。未来，中朝可以较好地结合两国的相对优势，待外部环境有所松动，经济合作条件逐渐趋于成熟，进行更深入的双边合作，推动互惠互利的经贸关系进入新的发展阶段。

二、中朝海洋合作潜在重点领域

（一）促动朝鲜稳步融入东北亚区域发展进程

长期处于相对封闭状态的朝鲜是东北亚多边经济合作的薄弱环节之一。随着朝鲜经济路线的调整与中朝关系的积极变化、中俄全面战略协作伙伴关系不断深化、"区域全面经济伙伴关系协定"（RCEP）签订与"一带一路"建设推进等，东北亚区域经济交流合作正面临着新的机遇。2018 年 9 月 12 日，习近平主席在第四届东方经济论坛致辞中提出，中方愿同地区各国一道"积极探讨建立东北亚地区协调发展新模式"。这是习近平主席首次就东北亚区域合作提出新的构想和思路。2019 年 8 月 23 日，习近平主席向第十二届中国—东北亚博览会致贺信，指出"东北亚是全球发展最具活力的地区之一。共建'一带一路'为拓展和深化地区合作持续注入新动能。"与此同时，朝鲜对"一带一路"建设和中朝经济合作表示了浓厚兴趣和深切关注。2017 年 5 月，朝鲜派出代表团参加中国的"一带一路"国际合作高峰论坛，希望通过参与"一带一路"倡议的相关建设，尝试融入东北亚区域经济合作分工体系，促进国内经济的发展并提高其国际地位。

从长远看，朝鲜对外经济合作不但构成朝鲜经济增长的新起点，而且对于拓展和整合东北亚区域经济合作、参与跨国基础设施与国际产能合作，以及实现中俄朝韩经济走廊建设方面，都能发挥更加积极的作用。尽管当下朝鲜对外经济合作的实施面临着相对艰难的局面，但倘若未来国际社会对朝制裁在相当程度上得到有效缓解，朝鲜对外经济合作也有进一步开展的巨大潜力。中国要把握难得机遇，从更加广阔的视野和高度审视东北亚局势，提早谋划和布局，促动朝鲜稳步融入区域发展进程。在海洋领域，我国现阶段可向朝鲜及域内国家提供海洋环境、海洋科技、海洋防灾减灾、海上搜救等领域力所能及的区域海洋公共产品并展开合作，使"一带一路"与东北亚国家的发展战略形成联动，提升区域内的互联互通水平，促进东北亚区域经济合作取得实质性突破。

（二）推动中朝边境经济区合作

中国政府作为图们江地区开发的倡导者，持续加强对朝合作。国务院于 1992 年批准设立丹东边境经济合作区和珲春边境经济合作区，2009 年批复《中国图们江区域合作开发规划纲要——以长吉图为开发开放先导区》，2012 年批准设立中国图们江区域（珲春）国际合作示范区，2015 年又批准在吉林省设立和龙边境经济合作区等，持续建设我国面向朝鲜及东北亚开放合作的重要平台。朝鲜也积极响应图们江地区开发，推动与中国的跨境合作。2010 年，中朝两国最高领导人就共同开发和管理罗先经济贸易区和黄金坪-威化岛经济区达成基本共识。2011 年，中朝就开发罗先经济特区签署了价值 30 亿美元的协议，中国获得了罗先港 4 号、5 号、6 号三个码头的建设权和 50 年的使用权。为了推进两大经济区的开发合作，2012 年成立了中朝共同开发和共同管理的罗先经济贸易区管理委员会和黄金坪-威化岛经济区管理委员会。不过，由于朝鲜经济发展水平缓慢，电力、交通等基础设施相对落后，加之受国际社会对朝制裁影响，中朝经济合作关系陷入低迷，经济区多年来发展缓慢。

中朝边境经济区及跨境经济合作的发展，在充分发挥地域资源、劳动力等比较优势带动两国边境地区经济发展的同时，也为"东北亚地区协调发展新模式"的发展打下坚实的经济基础。接下来，中朝双方抢抓机遇，扶持区域基础设施建设，合理调节生产要素的有序流动，促进中朝边境经贸持续务实地展开合作，稳步提高中朝边境经济区合作层次及水平。对于中国区域来说，珲春市作为我国唯一地处中俄朝三国的边境城市，应依托珲春国际合作示范区、珲春综合保税区、珲春海洋经济发展示范区等跨境合作平台，以及珲春跨境陆海通道和境内外资源优势，推进与罗先经贸区合作，重点发展面向西北太平洋的远洋渔业、海产品加工业和海洋生命健康产业；建好珲春国际港，促进国际贸易及"内贸外运"发展；加快图们江三角洲国际旅游合作区开发，着力打造具有区域特色和国际地位的图们江区域海洋产业中心。丹东市作为中朝边境贸易最大的陆路口岸和商品集散地，应以"一桥两岛"建设（新鸭绿江大桥建成和黄金坪-威化岛境外经济区合作开发）为契机，促进边境、海岛、山水、生态、民俗风情等特色旅游资源深度开发，打造特色江海旅游品牌；发展水产品精深加工，加快境外远洋渔业发展；加快互市贸易点建设和新鸭绿江大桥丹东口岸建设，提升丹东港口综合能力，推动临港产业集聚，将丹东建设成为陆上边境口岸型物流枢纽城市和面向朝鲜半岛开放的新高地。和龙市应依托和龙边境经济合作区，进一步加快海产品加工业集群发展，扩展边境旅游，建设成为集边境贸易、区域性加工制造、境内外资源合作开发生产、综合保税、旅游等多功能于一体的国际综合经济合作区。对于朝鲜区域来说，中朝应基于两国政府签订的相关合作框架协议，围绕图们江出海战略，积极申请亚洲区域合作专项资金、丝路基金等国家财政支持资金，加快建设与朝鲜罗先、黄金坪-威化岛等地区互联互通的公路、桥梁等基础设施，推动对朝供电工程、中朝通信网络工程，推动中朝合作的罗津港、雄尚港扩能改造，扩大"借港出海"战略与海港的多元化。此外，两大经济区管理委员会应确立进一步的招商优惠政策，掌握对外宣传的尺度，借助东盟、上海合作组织等进行宣传，稳步扩大招商引资范围，通过大项目谋划与建设，带动区域全面发展。

（三）拓宽中朝海洋产业合作领域

朝鲜对外经济合作为朝鲜国民经济发展和国家战略推进做出了重要贡献，但依然存在着较大的局限性。从朝鲜自身因素来看，产业结构以重工业为主，且技术落后、设备陈旧，出口产品主要为初级产品，轻工业则集中在低技术含量的劳动密集型产业上，新兴产业成长效果有限；此外，既有经济体制活力不足，难以有效带动经济增长。从国际环境来看，联合国安理会逐渐加大对其制裁力度，至2017年12月2397号决议出台为止，制裁范围已涵盖金融、投资、矿产出口、劳务输出、纺织品出口、海鲜等生物制品以及其他朝鲜对外经济合作主要相关领域，同时也涉及朝鲜在工业生产、交通运输等领域的对外贸易活动，极大地限制了朝鲜对外经济合作的开展。国际旅游业已成为朝鲜当下唯一不受限制的对外合作支柱产业，加之产业本身需求资金少、带动就业多，因而在朝鲜对外经济合作整体布局中的地位越发重要，预计其旅游产业和文化交流将在新冠疫情后率先复苏。为了规避国际社会愈加严厉的经济制裁，除了相对传统的贸易方式，朝鲜近年来还积极举办各类国际商品展览，通过会展经济争取国际合作时间与空间，赚取外汇，推动对外经济合作的有效开展，加强与世界经济的互动。如若国际环境缓和，在保持税收优惠和优质劳动力资源等优势条件下，朝鲜出口加工业合作仍然值得期待，这在海洋领域主要关联海产品加工。朝鲜重视科学技术和人才教育，树立国家海洋资源开发战略和可再生能源技术开发计划，但从目前朝鲜的技术和经济实力来看，很难期待其独自开展技术创新，存在较大合作空间。此外，为实现图们江"借港出海"，继续加强中朝海上交通运输合作也是应有之义。因此，我国未来对朝海洋经济合作预计将集中在旅游服务业、新开发的会展经济、海洋渔业、海上交通运输以及海洋科技教育服务等领域。

（1）旅游服务业领域。新冠疫情前，中国游客前往朝鲜旅游的热情持续高涨，人均消费也呈逐年递增趋势。在金正恩的高度关注下，近年朝鲜旅游诸多方面均有较大提升，但由于多数旅游产品处于推出期，且配套服务、从业观念、法制环境依然较为滞后，导致吸引游客人数有限，创汇效果不明显。后疫情时代，我国可进一步强化旅游功能，继续大力发展珲春—罗先、图们—豆满江、丹东—新义州等传统中朝边境旅游路线，完善图们—稳城、和龙—会宁、集安—满浦等旅游线路和产品，并加强与朝鲜管理部门沟通协作，促进边境旅游线路进一步向平壤、七宝山、金刚山等朝鲜境内景点延伸。常态化运营哈尔滨、延吉、沈阳、大连、上海、青岛、太原至平壤的旅游包机航线和已开通的丹东—平壤、丹东—新义州、图们—七宝山等中朝国际旅游专列。此外，提升和拓展相关产能合作，升级现有旅游产品、提升旅游服务水平，借助我国资本与技术建设新的旅游设施等，积极推进中朝俄边境旅游资源整合，促进朝鲜国际旅游业全面升级。

（2）会展经济领域。朝鲜举行的会展主要是平壤国际商品展和罗先国际商品展，展品涉及各类轻工业产品、电器电子产品和交通运输工具等诸多领域。参展国家（地区）十分广泛，不仅包括中国、俄罗斯、古巴、蒙古国等邻国或传统友好国家，也包括新加坡、泰国、柬埔寨等部分亚太国家，以及英国、德国等西方国家。在朝鲜海洋日，朝鲜各地还会举办科技成果展览会。为推动会展经济发展，罗先市经济协作局曾多次派员到访中国，希望汲取中国会展经济领域的经验。因此，我国可以此为契机，加强与朝鲜在海洋领域的会展经济合作，积极组织我国涉海企业参加平壤国际商品展、罗先国际商品展以及朝鲜国家海洋日科技成果会展活动，并高水平组织好中国—东北亚投资贸易博览会、图们江地区国际投资贸易洽谈会等会展活动，进一步促进中朝在海洋产业领域的交流与合作。

（3）海洋渔业领域。朝鲜海产品主要包括鱿鱼、板蟹、毛蟹、牡丹虾等，海产品出口加工业的发展促进了与之密切相关的海洋渔业、交通运输业等产业间的关系协调，并进一步加速了朝鲜对外经济合作的整体进程。当前，由于海产品加工企业技术落后、设备陈旧，朝鲜的出口加工业仍然处于粗加工、低附加值的初级发展阶段。此外，朝鲜海产品卫生标准等行业标准与国际标准存在显著差距，食品安全问题已成为制约朝鲜海产品加工业发展的重要瓶颈。因此，未来中朝双方可合作建设渔业综合服务基地，并在增强技术条件、细化产业分工、延伸产业链条等方面加强合作，进一步增加产品的附加值。与此同时，在中朝海产品贸易中，我国可在风险可控的前提下优化鲜活产品的检验检疫流程，为朝鲜输华海产品提供相应的制度、法治保障。

（4）其他领域。继续加强涉海基础设施合作，全面推进港湾、公路、铁路等中朝运输网络以及中朝跨国输电线路建设进程。逐步扩大海洋科技教育领域合作。我国一方面可在海洋可再生能源开发、船舶制造、海洋生物医药等领域加强对朝海洋科学技术合作，另一方面进一步加强对朝海洋教育合作，加强朝方人员在海产品加工等劳动密集型产业及港航物流、旅游、边境贸易等领域的高等教育和职业教育，为深化海洋经济合作提供人才支撑。

（四）完善合作法律和制度

朝鲜并非世界贸易组织（WTO）成员国，其投资软环境不完善，相关政策不稳定是制约中朝合作和国际资本进入的重要因素。中朝双边经贸合作关系主要依赖于双边协议，但仅有框架、原则性规定是不够的，需要有配套、完善的政策保障体系。2010年8月，中朝两国将经济合作方针调整为"政府主导、企业为主、市场运作、互利共赢"。从我国来说，即建立宏观上统一对外、微观上灵活多变的调控机制。朝鲜的特殊国情也需要更好地发挥中央和地方政府的主导作用，夯实政策保障基础，逐步营造良好的投资环境。因此，中朝需要在进一步完善法律法规的基础上，加强制度和机制建设。一是推动经济体制改革，实施对外开放政策。中朝双方应当立足于长远，适时调整和不断创新经济合作形式，发展自由结汇方式贸易，采用国际通用标准，真正融入东北亚区域经济体系中。二是建立风险保障机制。中国企业的对朝投资多集中在资源开发型和市场开发型的高风险行业，具有较高的投资风险。合作过程中一旦遇到朝方中介机构或合作企业单方面违约、冻结中方企业资产等突发性事件，中方企业将遭受极大的经济损失。为此，中朝两国政府需进一步加强协商，建立必要的风险保障机制和风险规避对策，并加强东北亚国家国际商事仲裁交流合作，以维护中朝合作良性发展。三是建立信息制度支持体系。朝鲜实行完全的计划经济体制，对外公布的社会经济数据和信息较少，致使中方企业难以获得真实可靠的信息。严重的信息不对称现象，极大地制约着中朝合作水平的提高。为此，中朝两国政府应当基于进一步扩大合作共赢为根本目标，探索建立信息制度支持体系，探索实施国际互联网数据跨境安全有序流动。

本章参考文献

葛益民. 2015. 朝鲜船的特点及引航注意事项. 中国水运, (2): 60-61.

观察者网. 2016. 金正恩首次提出朝鲜经济发展五年规划，建设"五大强国". https://www. guancha.cn/Neighbors/2016_05_09_359550. shtml[2021-11-10].

胡若愚. 2015. 去年朝鲜旅游收入已达 4360 万美元. http://www.cntour2.com/viewnews/2015/11/03/ 0jkpEGPwlp0t50rvBEaR0. shtml[2021-11-09].

江亚平, 程大雨. 2019. 专访: 我们愿尽最大可能为外国游客提供优质服务——访朝鲜国家观光总局观光宣传局局长金春姬. http://www.xinhuanet.com/world/2019-07/26/c_1124803316.htm [2021-11-08].

李志刚. 2019. 中朝旅游合作迎来更广阔发展. https://go.huanqiu.com/article/9CaKrnKl3GL [2021-11-09].

刘鸣. 2019. 从新加坡峰会到河内峰会: 美朝无核化谈判的困局、症结与前景. 太平洋学报, (6): 14-31.

莽九晨. 2019-09-19. 朝鲜不断加快旅游业发展. 人民日报, (3).

王豪. 2019. 朝鲜参与东北亚区域合作问题研究(上). 东北亚学刊, (5): 49-62, 147.

袁达松, 黎昭权. 2019. "一带一路"背景下包容性的中国—朝鲜—韩国经济合作框架. 东疆学刊, 36(4): 97-103.

中华人民共和国外交部. 2021. 朝鲜国家概况. https://www.fmprc.gov.cn/web/gjhdq_676201/gj_ 676203/yz_676205/1206_676404/1206x0_676406/[2021-10-14].

中国新闻社. 2018. 金正恩要求进一步发展朝鲜船舶工业. http://www.chinanews.com/gj/2018/07- 17/8570330.shtml[2021-11-10].

[朝] 金昌成. 2016. 朝鲜概观-自然. 平壤: 平壤外文出版社.

[朝] 金光成. 2019a. 民族自主是和平与统一之路. 今日朝鲜, 846(9): 43-44.

[朝] 金光成. 2019b. 朝中友谊是两国人民的共同财富. 今日朝鲜, 847(10): 47.

[朝] 金正恩. 2020. 阐明正面突破严峻难关的革命路线. 今日朝鲜, 851(2): 3-8.

[朝] 金正恩. 2021. 关于敬爱的金正恩同志在朝鲜劳动党第八次代表大会上所作的报告. 今日朝鲜, 863(2): 16-34.

[朝] 李文心. 2019. 朝鲜的战略资源. 今日朝鲜, 845(8): 3.

[朝] 朴英恩. 2019. 和平、繁荣、统一与2018年. 今日朝鲜, 841(4): 47-48.

[朝] 郑花顺. 2017. 朝鲜概观-旅游及投资. 平壤: 平壤外文出版社.

[朝] 郑慧景. 2019. 旅游热点——朝鲜. 今日朝鲜, (8): 42.

[韩] 통일부 통일교육원(韩国统一部国立统一教育院). 2016. 북한이해 2016(朝鲜理解 2016). https://www.uniedu. go. kr/uniedu/home/main/mariner/list. do[2021-06-18].

[韩] 통계청(韩国统计厅). 2021. 북한의 주요통계지표(朝鲜统计指标)북한통계포털(北韩统计门户网站). https://kosis.kr/bukhan/nsoPblictn/selectNkStatsIdct.do?menuId=M_03_01[2021-06-17].

[韩] 한승호(韩承浩). 2017. 북한의 농축수산물 통계(北韩农畜产品统计). 韩国统计厅北韩统计门户网站. https://kosis.kr/bukhan/nkAnals/selectNkAnalsList.do?menuId=M_02_01[2021-06-18].

[韩] 김경술(金硬术). 2015. 북한 에너지통계(朝鲜能源统计). 계청 북한통계포털(韩国统计厅北韩统计门户网站). https://kosis.kr/bukhan/nkAnals/selectNkAnalsList.do?menuId=M_02_01[2021-11-10].

[韩] 서종원(徐宗元). 2016. 북한 교통물류인프라 통계의이해와 한계(北韩交通物流基础设施统计的理解和限制). https://kosis.kr/bukhan/nkAnals/selectNkAnalsList.do?menuId=M_02_01[2021-10-14].

第五章　俄罗斯海洋经济发展及中俄合作方向探讨

　　俄罗斯横跨欧亚大陆，位于欧洲东部和亚洲大陆的北部，东西最长约 9000 千米，横跨 11 个时区；南北最宽约 4000 千米，跨越 4 个气候带。俄罗斯是世界上面积最大的国家，当前国土面积约 1709.82 万平方千米（外交部，2022），是由 22 个自治共和国、46 个州、9 个边疆区、4 个自治区、1 个自治州、3 个联邦直辖市组成的联邦共和立宪制国家。同时，俄罗斯也是一个海洋大国，海岸线长达 3.8 万千米，是海疆线长度居世界前 4 位的国家，海洋专属经济区面积为 850 万平方千米，大陆架面积达 420 万平方千米（尚月和张也，2021）。俄罗斯北邻北冰洋，东濒太平洋，西接大西洋，濒临多个边缘海，从西面顺时针方向依次为里海、黑海、亚速海、波罗的海、巴伦支海、喀拉海、拉普捷夫海、东西伯利亚海、楚科奇海、白令海、鄂霍次克海和日本海。

　　俄罗斯始终重视海洋战略的实施与海洋产业的发展，尽管苏联解体给俄罗斯海洋活动的推进带来了冲击，海洋经济经历了较为曲折发展的过程，但经过积极地调整，俄罗斯整体海洋经济发展趋势向好。即便面对当前紧张的国际形势，俄罗斯对于海洋经济的发展仍保持着较为积极的态度；而我国正处于新时代海洋强国战略推进的关键时期，部分海洋产业亟待转型提升。在新形势下，梳理俄罗斯海洋管理体系，分析其主要海洋产业发展现状与政策趋势，剖析中俄合作方向，对我国制定中俄海洋合作策略具有重要借鉴与参考意义。

第一节　俄罗斯海洋管理

　　俄罗斯联邦现代海洋决策体系和科学制度体系的建立由海军发起，但海洋开发中的部门权力分散和职能重叠不可避免地导致了涉海部门之间的矛盾和冲突。因此，需要设立一整套综合协调和决策咨询机制，统一确定战略，部署、组织和管理所有海洋事务以实现俄罗斯海洋空间与资源的可持续发展。2001 年 7 月 27 日《2020 年前俄罗斯联邦海洋学说》获批通过，这是俄罗斯历史上第一次制定并获得俄罗斯联邦总统批准的海洋领域长期文件。该政策包含俄罗斯联邦海上活动的所有领域，是确定俄罗斯国家海洋战略及其实施机制的纲领性文件。

　　为贯彻落实联邦海洋学说，最大范围确保俄罗斯在其管辖海域和公海的国家利益，从根本上将部门条块分割的海洋管理模式协调起来，2001 年 9 月 1 日，根据俄罗斯联邦政府第 662 号法令，俄罗斯联邦政府海洋委员会（以下简称海洋委员会）成立，定位为俄罗斯最高级别海洋事务协调机构。同年 12 月 21 日，俄罗斯联邦政府海洋委员会第一次会议在圣彼得堡海军部大楼举行。自此，海洋委员会关于《2020 年前俄罗斯联邦海洋学说》的工作正式开始[Российской Федерации МОРСКАЯ КОЛЛЕГИЯ при Правительстве（俄罗斯联邦政府海洋委员会），2022a]。根据俄罗斯联邦政府 2019 年 2 月 9 日第 104 号法令批准的《俄罗斯联邦政府海洋委员会条例》，海洋委员会是一个常设协调机构，确保联邦行政机关、联邦主体执行机关和海洋领域有关组织的协调行动，从国家政策及有关国际计划出发，修改国家海洋政策的目标、任务以及海洋工作发展计划，确保俄罗斯联邦在世界海洋中的国家利益和安全[Российской Федерации МОРСКАЯ КОЛЛЕГИЯ при Правительстве（俄罗斯联邦政府海洋委员会），2022a]。海洋委员会的活动受俄罗斯联邦宪法、联邦法律、俄罗斯联邦总统和俄罗斯联邦政府法令等指导。目前，海洋委员会由主席 1 人，副主席 3 人，执行秘书 1 人和 62 位委员组成。主席由联邦副总理担任，联邦交通部部长、自然资源和生态部部长、农业部部长分别担任副主席，联邦政府行政机关活动保障司副司长担任执行秘书，委员主要由联邦各涉海部门的高层官员、沿海地区州长、相关科研机构及组织代表组成[Российской Федерации МОРСКАЯ КОЛЛЕГИЯ при Правительстве（俄罗斯联邦政府海洋委员会），2022b]。为了对提交海洋委员会审议的问题进行专家研究，为海洋委员会的决策提供相关咨询和建议，成立海洋委员会科学和专家委员会（NES），由俄罗斯海洋领域的顶尖科学家和专家组成，涉及船舶及海洋设备的制造，世界海洋、北极和南极的研究和开发等多个领域[Российской Федерации МОРСКАЯ КОЛЛЕГИЯ при Правительстве（俄罗斯联邦政府海洋委员会），2022c]。

　　自海洋委员会成立以来，俄罗斯的海洋管理和可持续发展工作不断推进。2015 年 7 月，新版《俄罗斯联邦海洋学说》正式批准通过[Российской Федерации МОРСКАЯ КОЛЛЕГИЯ при Правительстве（俄罗斯联邦政府海洋委员会），2015]，为后来俄罗斯海洋政策走向奠定基调。2019 年 9 月，《2030 年前俄罗斯联邦海洋活动发展战略》正式公布，对海洋运输活动、世界海洋资源的开发和保护、海洋科研、海洋军事活动等领域进行了综合性的管理和规划；同年，俄罗斯国立技术大学成立俄罗斯国家海洋综合政策研究所，负责海洋活动发展以及高纬度地区（北极和南极）的全面研究。

第二节　俄罗斯主要海洋产业发展现状与趋势

一、海运业

俄罗斯货运有管道运输、铁路运输和公路运输三种主要运输方式。2018 年，俄罗斯总货运量为 5.6 万亿吨，其中管道运输占 47.3%，铁路运输占 46.0%，而海运在总货运量中的占比仅为 0.8%。但海上运输仍是俄罗斯联邦统一运输系统的重要部分，在北极及远东地区生活保障提供中起着决定性作用。俄罗斯濒临北冰洋、大西洋、太平洋的 12 个海和 1 个内陆海，大体可分为五大盆地：波罗的海盆地、北部盆地、黑海-亚速盆地、里海盆地与远东盆地，其可与各自附近经济区进行紧密联系。具体来说，波罗的海盆地辐射西北经济区以及伏尔加-维亚特卡河和乌拉尔经济区的一些地区；北部盆地可从北部、乌拉尔、西西伯利亚和部分东西伯利亚等四个相邻的经济区运输货物；黑海-亚速盆地联系北高加索经济区、乌拉尔和伏尔加经济区的诸多地区；里海盆地协同带动北高加索和伏尔加经济区；远东盆地与远东经济区联系紧密（Librero Ru，2012）。

海港建设是俄罗斯海运业发展的关键因素，同时港口活动也是整个俄罗斯联邦经济发展的关注焦点。当前，俄罗斯港口发展受自然气候和地理位置等客观因素制约较大，包括冰情、浅水区面积、进港航道长度等。就自然地理条件而言，俄罗斯拥有诸多优良港湾，具备海运发展的禀赋，但由于地处高纬度地区，其海上运输的航行时间从里海南部的 11 个月到白海的 6～7 个月。因此，俄罗斯港口的发展在很大程度上取决于是否有适当的货流，并受到国际和国家运输走廊的系统发展。目前，俄罗斯共有 67 个海港[Российской Федерации МОРСКАЯ КОЛЛЕГИЯ при Правительстве（俄罗斯联邦政府海洋委员会），2020]。其主要的太平洋港口有符拉迪沃斯托克（海参崴）、堪察加彼得罗巴甫洛夫斯克，其中符拉迪沃斯托克是俄罗斯远东地区最大的港口，也是俄罗斯海军太平洋舰队司令部所在地，对于俄罗斯来说具有重要的战略地位；最大的北冰洋港口为不冻港——摩尔曼斯克，由于受到强大的北大西洋暖流的影响，终年不结冰，是俄罗斯为数不多的不冻港；波罗的海沿岸的主要港口有圣彼得堡和加里宁格勒，前者是俄罗斯全国最大的港口，后者是俄罗斯波罗的海沿岸的唯一不冻港；黑海沿岸的主要港口有索契、塞瓦斯托波尔。随着全球气候变暖，北极航道的重要战略意义和商用价值日趋显著，而东北航道的开通让原本处于偏僻位置的符拉迪沃斯托克（海参崴）变成了重要的交通枢纽。俄罗斯抓住北极航道开辟带来的发展远东地区、提振国内经济的重要机会，于 2015 年 7 月 14 日批准开放符拉迪沃斯托克港为自由港，这也是俄罗斯首个自由贸易港。

自 2000 年以来，借助进出口业务的东风，俄罗斯海运业积极发展。2010～2019 年俄罗斯海港货物转运量增加了 1.6 倍（图 5.1）[Российской Федерации

МОРСКАЯ КОЛЛЕГИЯ при Правительстве（俄罗斯联邦政府海洋委员会），2020]，2019 年达 840.3 百万吨。近年来，受全球经济普遍衰退、俄罗斯国内生产萎缩和新冠疫情大流行叠加影响，2020 年与 2021 年俄罗斯海港的货物转运量有所下降，分别为 820.9 百万吨和 835.2 百万吨。同时，俄罗斯通过邻国港口的货物转运量在外贸货物转运总量中所占份额呈明显下降趋势，从 2010 年的 15.5%降低到 2019 年的 4.7%，表明俄罗斯对邻国港口的依赖度减弱，国内交通基础设施建设日趋完善。从 2019 年俄罗斯各海域海港货物转运结构来看（图 5.2），黑海-亚速海盆地转运量为 258.1 百万吨，同比增加 5.2%，占俄海港货物转运总量的30.7%，居五大区域首位，但增速有所下降，增长率为 5.2%，这是因为克里米亚大桥的建设使得经公路和铁路运输到克里米亚共和国的货物量增加；波罗的海盆地转运量为 256.4 百万吨，同比增长 4.1%，占俄海港货物转运总量的 30.5%，仅次于黑海-亚速海盆地位居第二；远东盆地转运量为 213.5 百万吨，同比增长 6.5%，占俄海港货物转运总量的 25.4%；北部盆地转运量为 104.8 百万吨，增长最为显著，较2018 年增长 13%，占俄海港货物转运总量的比例达到 12.5%；里海盆地转运量为7.40 百万吨，占俄罗斯海港货物转运量不足 1%。从具体港口来看，2019 年俄罗斯港口货物转运总量的 74%来自 10 个主要港口：新罗西斯克（156.8 百万吨）、乌斯季卢加（103.9 百万吨）、沃斯托克（7.35 百万吨）、摩尔曼斯克（6.19 百万吨）、普里莫尔斯克（6.1 百万吨）、圣彼得堡（5.98 百万吨）、瓦尼诺（0.314 百万吨）、萨贝塔（27.7 百万吨）、纳霍德卡（25.6 百万吨）、图阿普斯（25.2 百万吨）。

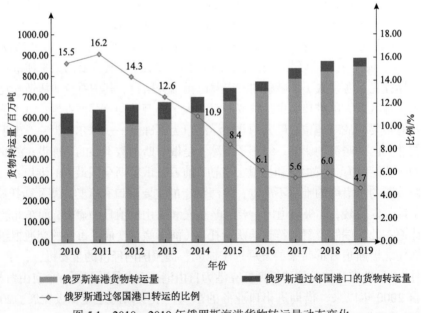

图 5.1　2010～2019 年俄罗斯海港货物转运量动态变化

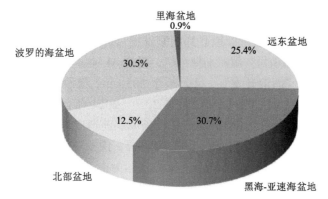

图 5.2　2019 年俄罗斯各海域海港货物转运结构

从货种来看,2010~2021 年间,干货转运量增加了 1.95 倍,2021 年达到 412.9 百万吨,其中集装箱量为 61.2 百万吨;灌装货物转运量增加了 1.34 倍,2021 年达到 422.4 百万吨(图 5.3)。灌装货物在俄罗斯海港货物转运总量占据优势,但占比呈逐年下降趋势,由 2010 年的 59.77%下降到 2021 年的 50.57%。俄罗斯港口的货物运输一般以出口为导向。2019 年,俄罗斯通过海港出口货物 654 百万吨,占港口货物转运总量的 77.8%。出口货物以煤炭、石油产品、谷物、石油和液化气为主。值得一提的是,自 2009 年以来,港口货物清单中出现液化天然气等货物,2018~2019 年,自萨贝塔港开始装运 LNG 后,俄罗斯 LNG 转运量两年内增长 2.2 倍,2019 年达到 32.8 百万吨。

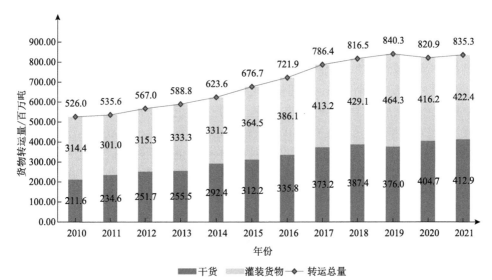

图 5.3　俄罗斯干货和灌装货物转运增长动态

近年来,俄罗斯越发重视海运业发展。2012 年 9 月俄罗斯联邦政府海洋委员会批准了《2030 年俄罗斯海港基础设施发展战略》；2018 年 5 月俄罗斯联邦总统第 204 号《关于 2024 年前俄罗斯联邦国家发展目标和战略任务》总统令提出在海上运输领域实施联邦项目"俄罗斯海港"，包括 41 项港口基础设施发展活动。目前，该项目更名为"海港开发"，并延长至 2030 年，继续推进相关建设活动；俄罗斯联邦交通部制定《俄罗斯联邦交通部 2019～2024 年行动计划》，其中特别强调海港基础设施建设及吞吐量的增长，重视破冰船建造以提高国际运输走廊的竞争力，促进大型运输枢纽的综合发展。2019 年 9 月，俄罗斯联邦政府正式公布《2030 年前俄罗斯联邦海洋活动发展战略》，核心目标为提高俄罗斯海运业市场竞争力。综合梳理来看，俄罗斯海运业未来的重点策略如下：一是提升俄罗斯运输船队竞争力。面对俄罗斯商船队全球国际航运参与不足的问题，通过更新海运船队，降低俄罗斯联邦船旗国船舶的平均船龄；通过长期融资发展机制、改进船舶登记行政程序，增加俄罗斯船旗国注册的船舶数量；增加俄罗斯海运船队在国家和过境货物运输总量中的份额。二是提升俄海港的国际竞争力和投资吸引力。推进现有港口基础设施转型升级并建设新港口，建设现代运输和物流中心，打造现代化港口，提升俄罗斯联邦海港进出口货物在货物总量中所占的比例。三是重视北方海航道发展。北方海航道是俄罗斯北极地区的国家海上交通干线，沿俄罗斯北部北冰洋海域（巴伦支海、喀拉海、拉普捷夫海、东西伯利亚海、楚科奇海和白令海）海岸经过。俄远东发展部估计北方海路货运量在未来 5 年可翻 5 倍[Российской Федерации МОРСКАЯ КОЛЛЕГИЯ при Правительстве（俄罗斯联邦政府海洋委员会），2022d]，特别是"北极液化天然气-2 号"（The Arctic LNG 2）等新的液化天然气生产设施投产将进一步提升其货运量。2020 年 10 月俄联邦总统批准《俄罗斯联邦北极地区发展和国家安全战略》，提出要全面发展巴伦支海、白令海、伯朝拉海等海域海港和海上航道基础设施，疏浚北极地区相关河流以提升航行能力；设立一个海事行动总部，管理整个北部航道水域的航运；推进北极破冰船队、卫星通信和数字航运服务的建设与发展。四是强化里海盆地海运发展。俄罗斯联邦政府于 2017 年 11 月批准《2030 年里海盆地俄罗斯海港发展战略、铁路和公路行动计划》，计划在达吉斯坦共和国马哈奇卡拉海港和阿斯特拉罕地区奥里亚海港建造货运码头、海港客运站以及海上货物永久多边过境点，并决定在阿斯特拉罕地区和达吉斯坦共和国建设专业物流综合体；签署里海海运合作五方（哈萨克斯坦、阿塞拜疆、俄罗斯、土库曼斯坦和伊朗）政府间协定草案，包括统一港口费率；在欧亚经济联盟（Eurasian Economic Union）[①]和中国"一带一路"框架内，制定开发里海地区运输和过境潜力的措施；在俄罗斯里海地区建立出口支持中心，

---

① 欧亚经济联盟是一个由白俄罗斯、哈萨克斯坦、俄罗斯、亚美尼亚、塔吉克斯坦、吉尔吉斯斯坦 6 个国家为加深经济、政治合作与融入而计划组建的一个超国家联盟。

并在国家项目"国际合作与出口"框架内，在里海地区开展出口和国际合作活动，包括展览和贸易活动、招商引资活动。

二、海洋渔业

俄罗斯海域广阔，水生物资源丰富，具有发展海洋渔业的良好禀赋和巨大潜力。俄罗斯的渔业资源主要集中于远东地区和俄罗斯西部的欧洲海区，其中，远东地区拥有四大温水海区之三——白令海、鄂霍次克海和日本海。具体来说，白令海平均水深 1598m，是远东海区最大的深水海，西白令海位于俄罗斯 200 海里专属经济区以内，海洋生物资源丰富，主要捕捞对象有狭鳕、大头鳕、刺盖黄鲽、银鳕、盲珠雪蟹等。鄂霍次克海大部分海区都位于俄罗斯 200 海里专属经济区内，主要捕捞对象有狭鳕、大头鳕、太平洋马舌鲽、远东多线鱼等。日本海北部西侧沿海处于俄罗斯 200 海里专属经济区范围，主要捕捞对象有狭鳕、鲑鳟鱼、鲐鱼等（王茜等，2017）。

水生物资源产量（捕获量）方面，俄罗斯联邦是世界水生物资源产量（捕获量）排名前五的国家之一，鳕鱼、鲑鱼、鲱鱼等水生生物资源产量处于世界领先地位。2016～2020 年，俄罗斯水生生物资源捕捞量及海洋捕捞量呈现先增后减的趋势，而内陆水域（内水）捕捞整体呈现下降趋势（图 5.4）。2018 年，俄罗斯水生生物资源捕捞量为 505.43 万吨，远超计划指标值 450 万吨，其中海洋捕捞达 486.63 万吨，创造俄罗斯过去 26 年中的最高纪录。2019 年与 2020 年水生生物资源捕捞量相对稳定下降，分别为 498.32 万吨与 497.48 万吨，其中海洋捕捞量分别为 481.66 万吨和 480.48 万吨。俄罗斯渔获量的 71%来自联邦的专属经济区和大陆架，16%来自外国的专属经济区，13%来自领海、内陆水域、世界海洋的开放区域以及公海捕鱼和生物资源养护公约覆盖的区域。渔业船队是水生物资源捕获的技术基础。当前俄联邦渔业船只约 71%集中在远东渔业区，16%集中在北部，8%集中在西部，3%集中在黑海-亚速海，2%集中在伏尔加-里海盆地，然而仅有 1%的渔船（远东渔业盆地的大型拖网渔船和北方渔业盆地的中型拖网渔船）船龄在 5 年以下。2000～2018 年，俄罗斯渔船队的数量减少了 25%。据俄行业专家估计，如果俄渔船队继续减少，将大大限制水生物资源捕获量的增加。此外，俄远东盆地海岸可接收、储存水生物产品的专业化码头严重短缺，缺乏储存水产品所需温度的现代渔业基础设施。

俄罗斯注重渔业的可持续发展，2010～2020 年水生生物幼苗放流量保持相对稳定，其中 2015～2018 年呈上升趋势，2019 年与 2020 年有所下降，但仍可维持 80 亿尾以上水平（图 5.5）。黑海-亚速海流域是俄罗斯主要的增殖放流地区，占总增殖放流量的 70%以上[Федеральная служба государственной статистики（俄罗斯联邦统计局），2021]。

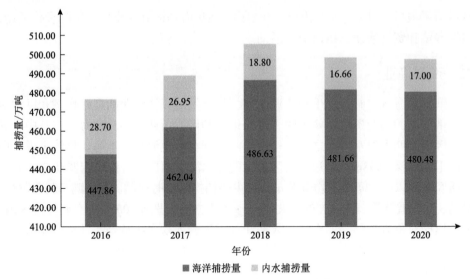

图 5.4　俄罗斯联邦水生物资源产量（捕捞量）

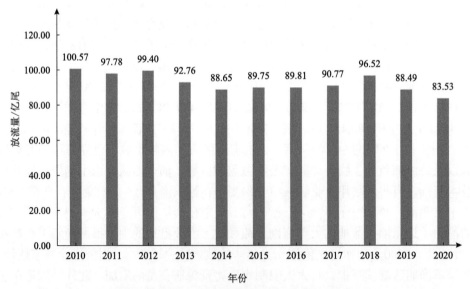

图 5.5　2010～2020 年俄罗斯渔业增殖放流情况

俄罗斯商业水产养殖在渔业生产与经济结构中的地位仍然相对较低，2018 年水产养殖产量在水生物资源供应总量中的份额仅为 3.7%，其发展速度和规模远远落后于中国、越南、挪威等领先国家。主要原因是俄罗斯商业水产养殖目前及未来仅以满足国内市场需求为导向，且在水产育苗、饲料、疾病预防与治疗以及特殊养殖设备方面能力不足。

水产加工方面，俄罗斯人约 69%的水产品是冷冻加工或未加工的，滨海的加工企业主要开展中小型鱼类初级加工以及罐头产品制造。整体来看，俄罗斯水产品深加工基础薄弱，产品销售附加值损失较高。在国内消费和对外贸易方面，2010～2014 年，俄罗斯鱼类消费量年均增长 5%，从人均 21.2 千克增加到 22.3 千克，表明俄宏观经济形势良好，国民收入增加，水产品国内供应及进口量增加促进了消费水平的提升。然而 2015 年后，由于宏观经济形势的变化及美国等西方国家对俄罗斯联邦的经济制裁，俄人均鱼类消费量比 2014 年下降了 3.6%，2017 年降至 21.5 千克，2018 年回升至 22.1 千克。与世界主要渔业大国（中国、挪威、日本、美国）相比，俄人均鱼类消费量排名第五。在进出口业务方面，自 2013 年以来，受俄罗斯国家货币贬值、购买力下降和部分国家采取经济制裁措施的影响，俄罗斯水产品进口量大幅下降，从 2013 年的 101.43 万吨迅速下降到 2016 年的 51.20 万吨，之后回升稳定在 59 万吨左右（图 5.6）。相对于进口来说，2013～2020 年俄罗斯水产品出口则整体呈现上升趋势，由 2013 年的 188.33 万吨增长到 2020 年的 223.70 万吨。在俄罗斯出口水产中，加工程度较低的冷冻产品占很大比例，2020 年冻鱼出口占总出口量的比例达 86.77%（图 5.7）。俄罗斯水产品主要出口到亚太地区和欧盟的水产加工厂，最终制成品是在没有标明俄罗斯为水产资源来源的情况下进行终端销售。生产和出口的原材料导向使得俄罗斯水产供应商缺乏对最终销售价格的竞争性影响，也无法从水产品的深加工、分销和销售中获得高附加值。

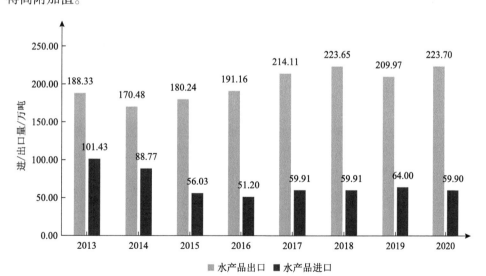

图 5.6　2013～2020 年俄罗斯联邦水产品进出口情况

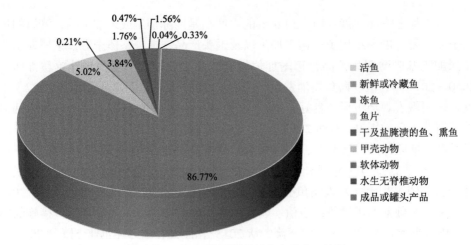

图 5.7　2020 年俄罗斯联邦水产品出口结构

　　全球人口增长、发展中国家城市化和中产阶级的扩大、消费者偏好的改变、服务业和销售渠道的发展以及对健康生活方式的追求，都将产生日益增长的水产蛋白质产品需求。而俄罗斯开发的鳕鱼、明太鱼、鲑鱼、鲱鱼等主要水生生物资源具有很高的全球市场需求潜力。在俄罗斯联邦经济中，随着俄罗斯国家货币卢布相对于世界主要货币的大幅贬值，渔业企业提升全球竞争力的机会正在到来。与此同时，俄罗斯渔业的发展面临诸多内外部风险。内部风险因素包括：人口购买力低；国内产业科学资金不足，限制了研发项目的实施和扩大；渔业船队、渔业码头、物流和加工基础设施存在有形和无形损耗；国家对偏远滨海地区渔业发展支持不足，对商业水产养殖支持不足；水产多式联运滞后；对渔业捕捞、导航、动力和加工基本设备的进口依赖；缺乏高素质的工作人员等。外部风险和威胁包括：原材料出口依赖、亚太地区出口的地理集中；公海开放区的水生物资源的捕获权竞争；全球竞争对手限制俄罗斯产品进入主要市场等。

　　为了管理主要的外部和内部风险，并改变渔业经济发展的总体颓势，俄罗斯联邦制定了诸多振兴渔业计划。2014 年，俄罗斯联邦批准"渔业综合体发展"的决议，提出将俄罗斯渔业定义为一个生产和管理的综合体，将渔业部门发展的主要优先事项确定为：发展水生生物资源的人工育苗，海水养殖，实施水生生物资源长效管理机制，促进水产加工部门现代化，提高水产品国际竞争力[Федеральная служба государственной статистики（俄罗斯联邦统计局），2014]。2019 年 11 月，俄罗斯联邦正式通过《2030 年俄罗斯联邦渔业综合体发展战略》[Правительство Российской Федерации（俄罗斯联邦政府），2019a]，制定了一套到 2030 年的渔业综合发展框架，旨在确保俄罗斯联邦渔业综合体的动态稳定发展与国家粮食安全，通过刺激高附加值产品的生产，摆脱现有出口商品导向，为业务开展和吸引行业投资创造有利条件，在保证可持续发展的基础上提升其在国内生产总值中的总体贡献，并在世界市场上取得领先地位。俄罗斯计划到 2030 年，推动建设 96 艘渔船和 24 家水产加工厂，确保生产配额制度的落实；实现国内水产品在全国水生物资源消费总量中的比重至少达到 85%；俄罗斯港口为本国渔船提供服务的比例增加到 80%；渔业综合体的就业总数增加了 2.45 万个，劳动生产率比 2018 年增长 1.4 倍；加强在世界水产品市场上的领导地位，实现至少 25% 的欧盟市场份额，以及至少 10% 的亚洲及太平洋鲑鱼市场份额；制定和实施国家生态认证制度等（ Правительство Российской Федерации（俄罗斯联邦政府），2014]。

该战略确定了俄罗斯在渔业发展领域五大综合发展项目：① "新鳕鱼工业" 综合项目，大规模更新鳕鱼捕捞与生产设施。在 2025 年前战略实施的第一阶段，以远东和北方渔业流域及海域为执行中心，将在俄罗斯联邦境内建造至少 43 艘渔船和 26 家沿海企业；更新用于生产（捕获）和加工水产品的固定资产，至少占现有船舶和海岸生产能力的 50%；高附加值产品（鱼片和鱼糜）产量份额达到 40%（按加工渔获量计算）。到 2030 年，计划全面更新渔船队和加工厂的生产加工能力，实现高附加值产品产业链的垂直整合。② "海洋生物技术" 综合项目，打造高科技创新产业链条。在消费品领域，当前主要市场导向是生物活性添加剂，即含有多不饱和脂肪酸（Omega-3）成分的食品消费量不断增加。而 Omega-3 最有效的天然来源是一系列高脂肪的海洋鱼类。此外，当前俄罗斯养殖鲟鱼和鲑鱼等高价值鱼类几乎 100% 依赖进口专门饲料。俄罗斯计划在联邦境内建造至少 20 艘中型通用渔船，5 艘大型拖网渔船和 3 艘运输船，用于特定鱼类和南极磷虾的捕捞，并建立起高科技创新产业链条。通过系列投资项目，生产面向国内市场供应的鱼油深加工产品，到 2030 年俄罗斯联邦的鱼粉和油脂产量预计达到 15 万吨和 12 万吨。鱼类饲料产量也将达到 52.5 万吨，将充分满足国内养殖的发展需求。此外，在 "海洋生物技术" 综合项目框架内，一系列投资计划有助于实现俄罗斯联邦在某些地区的地缘战略与政治利益，其中一项关键活动是恢复俄罗斯渔船队在南极海岸、西北太平洋、非洲国家以及黑海盆地国家专属经济区的永久存在。③ "食品中上层" 综合项目，增加远洋中上层鱼类食品的生产和供应。俄罗斯对渔船队和渔业岸上加工能力的高质量改造，增加了其对远洋中上层鱼类的捕获需求。在远东渔业区，将在开放的太平洋区域进行捕获，计划将西北太平洋鲭鱼和鲱鱼的捕获量增加到 65 万吨，并向千岛群岛的企业运送渔获量，用于食品生产及鱼粉、油脂等半工业产品生产；在黑海-亚速海渔业区，建造至少 10 艘中型和小型渔船，通过更新渔船队和提高捕鱼效率，增加渔获量；在伏尔加-里海渔业区恢复商业捕捞计划，推进现代化渔港建设，重新整备或建造食品和工业加工设施；在公海和外国专属经济区方面，鉴于金枪鱼在营养价值和市场价值上是最有前景的水生生物资源，俄罗斯将实施系列投资项目，将俄罗斯渔船队送回大西洋中部和南部，即大西洋金枪鱼国际养护委员会（International Commission for the Conservation of Atlantic Tunas，ICCAT）管理区域和部分选定的非洲国家的专属经济区。其中，在国际公约区内，由 ICCAT 管理的 5～7 艘拖网渔船将在大西洋作业。捕获量部分出口，部分运回俄罗斯联邦加工厂。加里宁格勒地区被俄联邦视为是实施大西洋鱼类加工设施建设项目的主要地区。④"三文鱼养殖"综合项目，发展三文鱼育苗产业与商务水产养殖技术。亚太市场被认为是三文鱼产品未来最为重要的消费市场，因此俄罗斯计划 2030 年前，在远东堪察加地区、哈巴罗夫斯克地区、马加丹地区和萨哈林州等地新建并投产至少 20 家三文鱼育苗和养殖工厂，并组织专业饲料生产企业。投资项目的倍增效应还包括基础设施建设、现有水产加工设施的再利用、水产品物流与存储，分销和销售服务的发展等。⑤"名贵海产品"综合项目，综合开发联邦近岸海域，培育高价值的水生生物物种。该项目将重点培育最有价值的双壳类软体动物——贻贝、牡蛎、远东扇贝，以及海参、海胆等棘皮动物。考虑近岸海域可用面积、水文和气象条件等，俄罗斯联邦认为最有希望实施"名贵海产品"综合项目的区域是普里莫斯基边疆区和克里米亚共和国。其中 90%的产量将来自普里莫斯基边疆区，10%将来自克里米亚共和国[Правительство Российской Федерации（俄罗斯联邦政府），2014]。

为支撑五大综合发展项目的发展，消除科学、人力资源和基础设施支持领域的障碍和系统风险，创造有利的渔业投资环境。该战略还确定"水生物资源人工繁殖""产业科技研发""产业教育""投资环境营造""产业市场营销""渔业船队后勤与服务基础设施""国际合作"等七大辅助支持项目。其中，"国际合作"项目的主要目标是：俄罗斯联邦与 40 多个国家缔结了 19 项多边条约和大约 65 项关于渔业和水生生物资源保护的双边协定，俄将在双边协定框架内，主要与有助于俄罗斯船只进入其专属经济区内捕鱼的国家开展进一步合作；在继续参加现有国际渔业组织的前提下，参加新成立的相关国际区域组织；加强俄罗斯联邦在北极渔业管理问题上的立场；确保俄罗斯不受阻碍地进入南极开展磷虾、金枪鱼捕捞活动，进入大西洋开阔区和个别非洲国家的专属经济区；形成白令海资源基地互利运行条件，拟订和缔结关于西北太平洋渔业规则的国际协定；支持鳕鱼深加工产品出口多样化等[Федеральноеагентствопорыболовству(Росрыболовство)（俄罗斯联邦渔业署），2021]。

三、海洋能源

俄罗斯大陆架面积约为 620 万平方千米，占世界总大陆架面积 21%，其中有 400 万平方千米为油气远景区。俄罗斯大陆架蕴藏着丰富的油气资源，原始可采储量超过 1000 亿吨油当量，在巴伦支海（施托克玛诺夫油气田）、喀拉海（列宁格勒凝析油气田、鲁萨诺夫凝析油气田）、里海（季通斯卡娅油气田、哈兹里油气田）和鄂霍次克海（柴沃油气田、奥多普图油气田、阿尔库顿-达金油气田、皮里通-阿斯托赫油气田、隆斯科叶油气田等）均已发现多个储量可观的油气田（王四海和孙运宝，2010）。其中，油气资源最富集的海域是喀拉海和巴伦支海，占总资源量近60%，其次是鄂霍次克海、东西伯利亚海和里海。另外，在巴伦支海、伯朝拉海和喀拉海已经发现了超过200个潜在气田，其中最大的是1988年在巴伦支海发现的什托克马诺夫斯科耶气田，该气田的天然气储量估计为3.2万亿立方米，凝析油储量为3100万吨。北极地区是俄罗斯油气资源开发的战略要地。北极大陆架共发现大型油气田近60个，其中俄罗斯北极海域占2/3以上。在俄罗斯全国的油气产量比重中，北极石油占17%，北极天然气占80%。基于得天独厚的地理位置和开采条件，俄罗斯在北极大陆架及北极海岸的开采量排在北极五国的第一位，已超过挪威、美国与加拿大。

石油生产方面，2018年世界石油储量达到2441亿吨。委内瑞拉仍然是世界石油储量的领头羊，占世界石油储量的17.5%。俄罗斯在世界石油储量中排名第六，约占世界石油储量的6.1%，石油产量约占世界总产量的12.5%[Lezhavskaia Mariia（列兹哪夫斯卡亚·玛丽亚），2021]。当前，俄罗斯已跻身世界前三大油气开采国。2017年石油产量（包括天然气凝析油）为5.465亿吨[Правительство Российской Федерации（俄罗斯联邦政府），2018]。在世界石油市场价格形势良好的情况下以及2018年下半年石油输出国组织（Organization of the Petroleum Exporting Countries，OPEC）重新分配配额，2018年俄罗斯石油产量为5.557亿吨，同比增长1.68%。2019年俄罗斯累计生产原油（含凝析油）产量超过5.6亿吨。从原油产量变化结构看，近海大陆架的产量增速放缓，维持在10%左右，西西伯利亚地区陆上"难动用储量"和东西伯利亚陆上新区产量增幅超过50%，成为俄罗斯近几年保持原油产量稳定的重要基础。天然气生产方面，截至2017年1月俄罗斯天然气储量为51.9万亿立方米，自由气储量超过5000亿立方米的油田达20个，占俄罗斯总储量的67.8%。最大的天然气储量分布在西西伯利亚含油气省，特别是亚马尔-涅涅茨自治区，约占全国储量的55%。由于出口和国内消费的增加，2018年俄罗斯天然气和伴生石油气产量为7276亿立方米，比2017年增长5.2%，创下俄罗斯天然气生产历史纪录。其中，俄罗斯天然气和伴生油气产量的81.2%来自亚马尔-涅涅茨自治区（图5.8）。而俄罗斯天然气工业股份公司（Gazprom）是俄罗斯天然气产量的领头羊，2018年占俄罗斯天然气产量的65.9%。在液化天然气方面，2018年俄罗斯液化天然气产量约为2000万吨，比2017年增长70%，如此大的增长是由于亚马尔液化天然气厂三条生产线的投产。截至2018年底，俄罗斯有两个大型液化天然气厂，总设计生产能力为2610万吨，其中萨哈林-2项目液化天然气厂为960万吨，亚马尔液化天然气厂为1650万吨。

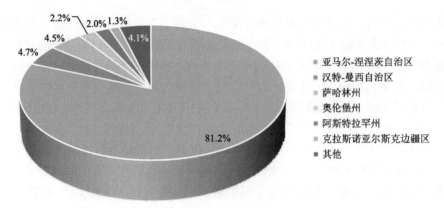

图 5.8　俄罗斯天然气和伴生油气产量的区域结构

在原油、石油产品出口及地理格局方面，2018 年，由于俄罗斯石油产量的增加以及外部石油市场的有利条件，俄罗斯原油出口比 2017 年增长 750 万吨，达到 2.60 亿吨；石油产品出口也增长 160 万吨，达到 1.50 亿吨。2018 年，俄罗斯对亚太地区的原油出口同比增长了 19.5%，这主要源于对中国的原油供应同比增长了 27.4%。与此同时，俄罗斯对邻国的原油供应增长了 6.3%，对欧洲的原油供应下降了 6.3%。因此，亚太地区国家在俄罗斯原油出口总额中的比重由 2017 年的 31.6% 上升到 2018 年的 36.6%，而欧洲国家的份额则从 59.1% 下降到 53.7%。邻国在俄罗斯原油供应结构中的份额则变化不大。2018 年，俄罗斯石油产品对欧洲的出口增长了 7.1%，而对邻国的出口下降了 14.3%。2018 年，俄罗斯向亚太地区国家的石油产品供应量保持在 2017 年的水平。根据俄罗斯海关数据，受俄罗斯由欧洲传统能源市场转向亚太地区市场的影响，俄罗斯 2019 年原油出口总量约为 2.68 亿吨，同比增长 3.9%（国际石油贸易，2020）。在天然气出口及地理格局方面，2018 年，俄罗斯天然气出口增长 8.3%，达到 2475 亿立方米（包括液化天然气、管道天然气数据），是后苏联时期的最高水平。2018 年，对德国（22.6%）、土耳其（9.7%）、白俄罗斯（8.2%）、意大利（7.3%）天然气出口量约占俄罗斯天然气出口总量的 47.8%。在俄罗斯天然气的主要消费国中，法国（+18.7%）、德国（+6.9%）、白俄罗斯（+6.8%）是 2018 年供应增长最大的国家。与此同时，俄罗斯天然气出口的地理范围大大扩大，自从亚马尔液化天然气项目开始供应液化天然气，中东（科威特、约旦、埃及）和南美（巴西）成为俄罗斯天然气的新市场。2018 年，俄罗斯液化天然气出口量为 1980 万吨，比 2017 年增长 69%。根据国际液化天然气进口国联盟组织（GIINGL）的数据，2018 年，俄罗斯约 70% 的液化天然气出口流向亚太地区，24% 流向欧洲市场，6% 流向美国和中东市场。

为适应外部经济环境和国际能源局势的变化，自 2003 年以来，俄联邦每 5～6 年便出台一套适应国家和世界发展需求的能源发展战略。2020 年联邦政府制定

《2035 年俄罗斯联邦能源战略（修订版）》[Правительство Российской Федерации（俄罗斯联邦政府），2021]，对俄罗斯未来能源发展做出说明和规划（孙淼，2022）。在石油工业方面，目标是确保石油产量在有利条件下稳定增长。主要举措包括改革行业税收制度，建立对目前储量超过 80% 的油田的石油生产奖励制度，形成欧亚经济联盟共同的石油市场，并提升国家炼油企业技术水平与国内市场的石油产品供应水平。在天然气工业方面，主要目标是完善国内天然气市场，有效满足国内天然气需求；发展液化天然气的生产和消费，使俄罗斯联邦成为世界液化天然气生产和出口的领导者。主要举措有：完善国内天然气管道和地下储存设施等提供运输服务的程序和条件；形成和运作欧亚经济联盟共同天然气市场；实施液化天然气生产长期发展计划；在年度常态监测的基础上，进一步经济合理地放宽液化天然气出口；在俄罗斯联邦北极地区建立液化天然气转运、储存和贸易专门中心，实施堪察加半岛终端建设项目。在能源品种方面，随着全球气候议程的制定与推进以及全球经济"脱碳"时代的到来，碳氢化合物在全球能源消费中的份额将逐步下降，预计到 2040~2050 年这一比例将从目前的 85% 下降到 70% 左右。作为能源市场的领导者之一，俄罗斯当前已经走在能源平衡的前列。煤炭和石油在俄罗斯能源平衡中的份额仅为 34%，而世界平均水平超过 50%；清洁能源天然气和核能分别占据能源平衡中的 45% 和 20%，而后者有望在未来提升到 25%。此外，根据能源战略，俄罗斯认为氢能源作为一种新型清洁能源的战略地位将大幅上升，正在稳步推进氢能新产业的发展。预计未来俄罗斯将占据全球氢贸易 20%的份额，到 2030 年将氢能出口量增加到至少 200 万吨[Правительство Российской Федерации（俄罗斯联邦政府），2022]。

四、造船业

造船业是俄罗斯联邦规模最大的机械制造行业，拥有巨大的科技与生产潜力，能够影响相关产业的技术发展，并在很大程度上决定俄罗斯联邦在海上活动所有领域的国家安全。俄罗斯民用船舶建设始于 20 世纪 20 年代，比俄罗斯海上舰队的建立晚 300 年，经过 80 年的发展，到 1990 年，苏联的造船业硕果累累：其军舰建造能力位于世界第三，每年制造的海军舰船总排水量超过 30 万吨；民船建造能力达到世界十强，建造的海洋运输船舶总吨位达到 55 万吨；渔业船队世界第一，渔船主机总马力近 10 万千瓦；此外，还建造科学考察船、固定及浮动式石油和天然气开采平台以及各种辅助船（王京齐和杨卫东，2005）。苏联解体后，造船企业私有化改造的失败导致了俄罗斯造船业的萎缩。为改变俄罗斯民用船舶建造落后于世界的境况，联邦政府采取了一系列提振措施，如 1995 年制订《俄罗斯船舶工业发展计划》；2010 年推行新的船舶工业发展战略，成立三大造船控股集团；

2013 年进行俄罗斯最大造船企业——联合造船集团的重组，建立 3 个军品部门和 2 个民品部门（王智辉，2013）；2019 年通过《2035 年前俄联邦造船业发展战略》（以下简称造船业发展战略）[Правительство Российской Федерации（俄罗斯联邦政府），2019b]，分析俄罗斯造船业现状并制定未来发展战略。如今，俄罗斯造船业已逐渐走出苏联解体之后的窘境，开辟新的发展阶段。

近年来，俄罗斯造船业呈积极增长态势，产生了较为积极的社会经济影响。造船业增加值在俄罗斯联邦国内生产总值中所占份额约为 0.8%，增速为 20%～30%，2018 年造船业增加值达到 6200 多亿卢布，比 2012 年增长 1.7 倍。行业从业人员总数呈现动态稳定增长。2013 年全行业从业人员 12.65 万人，到 2020 年，全行业从业人员约 18.81 万人。俄罗斯造船业主要集中在国防领域，2014～2018 年间军用产品的产量约占造船业总产量的 90%。值得一提的是，俄罗斯是全球少数几个拥有自行研发破冰船能力的国家之一，能实现 40 多艘不同级别破冰船以及核动力船的运行，就数量和质量而言，俄罗斯的破冰船队在世界上是无与伦比的。在出口方面，俄罗斯联邦是世界上为数不多的能够提供几乎所有海军武器和军事特种设备的国家之一，能够满足世界市场对非核潜艇高达 30% 的需求。俄民用造船市场以各种用途的船舶和海洋技术为代表，主要包括客船、渔船、辅助船、技术船舶、用于大陆架开发的船舶和海洋技术。近年来，造船业民用生产呈现稳定增长态势，到 2020 年，民用船舶产量比 2013 年翻了一倍多。然而，俄罗斯通过对造船公司的能力以及船东、运输和租赁公司财务状况的分析表明，在 2035 年之前，俄罗斯无法满足国内市场对民用船舶和海事设备的需求。据《2035 年前俄联邦造船业发展战略》估计，为满足俄国内市场的需求，到 2035 年，需要建造大约 250 艘远洋运输船和 1500 多艘"江海"级运输船、1640 艘渔业船、250 多艘辅助和技术船舶以及海洋设备、90 艘科研船、24 艘破冰船，以及大约 150 艘用于开发近海油田的船舶和海洋设备。然而，俄罗斯现阶段造船能力仅能提供不超过 18% 的海运需求，6% 的"江海"级运输船、8% 的渔船、43% 的辅助船和技术船队、11% 科研船、63% 的破冰船以及 40% 的近海油田开发船舶和海洋工程建造需求 [Правительство Российской Федерации（俄罗斯联邦政府），2019b]。在民用船舶产品出口方面，俄罗斯在全球市场条件下的主要任务是巩固传统出口优势，满足高科技民用船舶和高附加值海洋设备一定份额的国际需求。

科技领域，造船业的科技发展水平决定了其创造具有竞争力的新型船舶设备的能力。俄目前造船能力结构过剩，有 60% 以上的陈旧设备仍在使用，诸多基础设施已经过时，导致全国造船单位平均装载率不超过 40%，亟须重建和深度现代化；与此相对，俄罗斯目前最严重的生产和技术问题仍然是大型船舶和船舶批量生产的建造与下水设施不足，仅有少数造船组织能够建造长度超过 170 米的民用船只。此外，由于俄国内电子元器件基础薄弱、船舶配套产品的劳动密集度和成本较高、工程协调体系不完善、缺乏保修和服务体系等综合原因，外国零部件在船舶零部件成本结构中所占的份额在民用部门为 40%～85%，在军舰制造业为50%～60%。而对于外国供给配件与设备的高度依赖，将威胁到俄罗斯建造某些类型船舶和海上设备的可能性，汇率波动、制裁政策等将造成船舶建造成本上升和工期中断的风险。

面对该种境况，俄罗斯出台《2035 年前俄联邦造船业发展战略》，旨在提升科技和人力资源潜力、优化生产能力、进行现代化技术改造的基础上，创造具有竞争力的俄罗斯联邦造船业新面貌并完善监管框架，以满足国家和其他客户对造船业现代产品的需求。到 2035 年，实现行业固定资产装载率达 80%；确保现代造船产品的可持续增长，产量提高 2.2 倍；改善工作条件，提高从业人员能力和社会保障水平，劳动生产率提高 2 倍；国产总值占最终民用产值的比例提高到 75%。为有效实现 2035 年造船业发展战略目标：①军用造船领域主要应对措施包括创造建设场所，为远海远洋作战水面舰艇建设新项目提供保障；加强研发工作，保障必要战术与技术要求，解决新一代海军装备建设难题，实现俄罗斯联邦在武器和军事装备生产领域的技术独立，且达到世界最佳水平。②民用造船领域主要应对措施包括完善国家在规划和实施基础性、前瞻性和突破性发展领域的监管体系，确保民用造船产品功能、经济和技术性能参数的大幅提高，创造全新的产品；开发和引进高效先进的生产技术、自动化和智能化生产手段、最新行业质量体系；制定和执行旨在增加出口产品产量的措施。③船舶配套设备领域主要应对措施包括制定和实施计划"路线图"，解决进口替代和船舶配件生产本地化（包括船舶部件）问题；建立船舶配套设备能力中心，扩大设计机构与工业造船组织的合作关系；在公私合作的基础上，在船舶机械制造的某些领域建立生产能力；建立船舶配套设备领域有效的质量监控和认证体系；发展有效的船舶配套设备推广销售体系。④造船业科技发展领域主要应对措施包括为基础与探索研究、突破性与前瞻性工业技术研发提供可持续的资金；优先支持进口替代产品、出口导向型产品、国内高附加值产品领域的技术发展；在数字造船科学中心的框架内，开展旨在开发和应用国内软件、数字模型和虚拟实验室的活动，在舰船、船舶和海洋技术生命周期的各个阶段引进先进的数字化技术；优化科研单位结构，并促进造船、仪器制造、机械制造和电气工程高校的发展，确保与船舶科技发展任务相适应；建立知识产权的认定、清点、分类、备案和转让信息平台，强化知识产权保护。

战略的实施共分为三个阶段，第一阶段为 2019～2022 年，主要任务为制定实施该战略的经济机制，为造船组织制定与更新战略计划文件，重组和优化行业，优先解决进口替代和船舶生产本地化（包括船舶部件）问题；第二阶段为 2023～2025 年，主要任务为促进造船业数字化改造，提高国际竞争力，促使俄罗斯国内船舶工业组织使用计算机辅助设计系统至少达到 75%，工程计算系统至少达到

50%，产品数据管理系统实现国内自主开发（Б. КАБАКОВ，2021），并创建有效的系统来促进船舶和海洋设备的销售、维修和保养，以克服外国制裁的影响；第三阶段为 2026~2035 年，主要任务为全面实现该战略的目标与指标计划值，在实现造船多元化道路上稳步前进。然而，造船业的发展与俄罗斯经济的发展密切相关，俄乌冲突、美欧对俄制裁等因素不可避免将造成俄经济增长放缓，进而对造船业产生较大的负面影响，预计造船业发展战略实施将受到限制。

五、海洋旅游业

在经济全球化背景下，世界经济进入了"体验经济"时代。根据世界旅游业理事会（World Travel & Tourism Council，WTTC）报告显示，2017 年旅游业对世界各国 GDP 的综合贡献估计为 10.4%，约为 8.3 万亿美元，创造了全球十分之一的就业机会[Федеральное агентство по туризму (Ростуризм)（俄罗斯联邦旅游局），2019a]。近年来，俄罗斯旅游业增长加速，有着巨大的发展潜力。2017 年旅游业增加值占俄罗斯联邦 GDP 的比重为 3.8%，占总就业人数的 0.7%，远低于世界上很多发达国家[Федеральное агентство по туризму (Ростуризм)（俄罗斯联邦旅游局），2019a]。2019 年旅游业增加值占国内总产值的比例降到 3.4%。国际游是俄罗斯联邦重要的外汇收入来源。2017 年俄罗斯旅游服务出口较 2016 年增长 14.9%，达到 89.45 亿美元，占俄罗斯出口总额的 15.5%，但仅占世界旅游服务出口总额的 0.7%（殷常明，2020）。近年来，俄罗斯入境游客流量相对稳定，不考虑独联体成员国和乌克兰入境流量（其中相当一部分从这些国家入境的人员实际并不是游客），2018 年俄罗斯入境游客流量较 2017 年增长 11.2%，较 2012 年增长 10%。根据俄罗斯联邦国家统计局的数据，俄罗斯 70% 的入境游客住宿集中在莫斯科和圣彼得堡两个旅游区。联邦税务局相关统计数据也显示，在商业居住和公共餐饮机构的税款中，50% 以上是莫斯科和圣彼得堡地区积累的。

当前俄罗斯旅游市场主要集中在以下几个层面上：以莫斯科和圣彼得堡等大城市旅游为代表的人文与商务旅游，以远东与西伯利亚旅游为代表的自然生态游，以亚速海、黑海和里海旅游为代表的休闲度假游（王楠楠，2014）。从海洋旅游角度而言，俄罗斯主要发展邮轮旅游和北极旅游。

俄罗斯邮轮旅游具有较大优势：黑海-亚速海、里海、波罗的海、北方海路以及乌拉尔、西伯利亚和远东的河流组成了 67 个海港和 117 个河港的综合水运网络。加之多种多样的自然资源、丰富的历史和文化遗产、具有普遍意义的景点可创建一系列邮轮路线，能够吸引邮轮旅游产品中最具偿付能力的消费群体，从总体上提高邮轮旅游的经济效应[Федеральное агентство по туризму (Ростуризм)（俄罗斯联邦旅游局），2019b]。当前，俄罗斯邮轮旅游最有前景的发展方向是在黑海-

亚速海、里海和波罗的海盆地开展河海联合邮轮游，以及发展北极地区的探险旅行和远东海域的国际海上旅游。其中，俄罗斯最优先的方向是里海的邮轮旅游。里海水域是目前世界上为数不多的没有邮轮的地区之一，在缺少全球大型邮轮公司竞争的情况下，俄罗斯主要邮轮运营商有机会占据较大的市场份额。此外，将沿里海的海上旅游与沿伏尔加河的河流旅游结合起来，可为全球市场提供一种独特的水上旅游产品，既能促进伏尔加河下游地区水上旅游业的增长，也可为里海沿岸地区游客流量的增长提供新的机会。全球邮轮市场的重要竞争条件是对消费者有吸引力的旅游产品的供应以及船队的质量。俄罗斯虽然在前者优势明显，但在邮轮数量和质量方面较为滞后。据全俄旅游业雇主协会"俄罗斯航运商会"的数据显示，目前运营的船舶不到 100 艘，且平均船龄较高。2008~2018 年旅游航运公司的盈利能力从 9%下降到 2.4%，进一步降低了新船改造和建造需求。

北极旅游方面，俄罗斯是最大的北极国家，也是北冰洋海岸线最长的沿岸国，拥有北极地区一半的陆地面积，在所有北极国家中占据着独一无二的地缘政治经济地位，北极地区旅游业正在稳步发展。近二十年来，人们对北极的兴趣愈发浓厚，俄罗斯北极西部，包括法兰士·约瑟夫地群岛和新地岛北岛，由于其自然美景和丰富的历史吸引了众多游客。摩尔曼斯克则基于航空和铁路网的相对优势成为俄罗斯发达的北极旅游目的地之一。前往北极的游客流量从 2009 年的 72.5 万人次增加到 2019 年的 117.2 万人次，增加了 1.6 倍以上。尽管俄罗斯北极地区的游客数量总体上有所增长，但就游客数量而言，北极地区在俄罗斯所有地区中仍然排在末位，原因在于俄罗斯北极地区整体旅游基础设施和服务不足，交通便利性差，运输成本高，制约了旅游流量[Федеральное агентство по туризму (Ростуризм)（俄罗斯联邦旅游局），2018]。

为形成和推广在国内外市场具有竞争力的优质旅游产品，营造良好投资环境，全面发展俄罗斯联邦国内及入境旅游，俄罗斯联邦近年来发布《2035 年俄罗斯联邦旅游发展战略》《2030 年俄罗斯联邦邮轮旅游发展理念》[Федеральное агентство по туризму (Ростуризм)（俄罗斯联邦旅游局），2021]等多份旅游政策文件，研究《俄罗斯联邦北极地区邮轮旅游发展路线图（草案）》等，明确旅游业发展方向。未来，俄罗斯将重新聚焦国内市场，把增加旅游产品国内消费列为优先事项。同时，由于资源有限，俄罗斯将把旅游潜力最大的地区作为开发优先地区，以创造有竞争力的旅游产品。在邮轮旅游方面，将研究制定联邦邮轮旅游业发展规划；高效更新邮轮船队和港口、码头以及服务接待等基础设施，提升公路、铁路等旅游干线基础设施质量，提高旅游交通可达性；规划建设新的邮轮旅游路线，形成伏尔加河-里海盆地邮轮旅游线路清单，旨在 2035 年邮轮旅游市场规模扩张两倍。在北极旅游方面，完善俄罗斯联邦北极地区旅游业发展的法律法规，保护北极自然和传统文化，促进北极旅游可持续发展；加大俄罗斯联邦北极地区海港、枢纽、破冰船等旅游基础设施建设力度；丰富旅游产品，发展北极旅游标准项目和国际基地护照项目；实施"100 个北极商品和手工艺品"项目，在保护北极地区民间文化的同时，提升俄罗斯旅游吸引力以及中小企业在北极地区的竞争力；建立俄罗斯联邦政府与北极有关企业的联盟，加强北极旅游国内外宣传力度，加大北极旅游招商引资力度。

需要指出的是，俄罗斯旅游发展战略的实施面临着诸多外部风险。首先，国际地缘政治形势的变化、制裁压力的加剧以及俄罗斯在国际社会上的孤立，可能在很大程度上对俄罗斯作为旅游区的形象产生负面影响；其次，新冠疫情影响下，国际经济下行压力加大，各国公民收入下降，进而减少对俄罗斯旅行的需求；最后，在国内外多种因素的影响下，俄罗斯联邦公民面对较大的收入水平下降风险，导致相当一部分人口的旅行和娱乐消费被排除在消费篮子之外，成为俄罗斯旅游业发展的最不利因素。

第三节　俄罗斯海洋发展整体导向

俄罗斯历来重视海洋发展，苏联解体前，其海军力量与海洋产业发达，为世界排名前列的海洋强国。1991 年苏联解体后，俄罗斯的海洋战略有所收敛，各海洋产业均存在不同程度的萎缩，却依然为俄罗斯谋求海权与传统海洋强国地位奠定了基础。普京执政后，提出振兴俄罗斯海军，恢复俄罗斯海洋强国的目标，并制定了一系列海洋战略。当前，新版《俄罗斯联邦海洋学说》是俄罗斯海洋战略的总纲领，作为整体性海洋战略，其对于海洋活动的规划具有综合性，同时又突出战略侧重点，对注重海军发展、保持海上战略威慑力，发展海上石油运输、打造大型国有运输船队、重组渔业资源、重振远洋渔业，加快发展海洋船舶建设等做出了总体要求。在此基础上，俄罗斯政府在包括运输、造船、渔业以及北极开发等重点领域相继制定和出台了相关战略，实施至今已取得了一定的成效（В.В.Путин，2012）。

根据新版《俄罗斯联邦海洋学说》和《2030 年俄罗斯联邦海洋发展战略》，俄罗斯未来海洋战略涵盖了四大职能领域和六大发展地区，前者分别是海洋军事、海洋交通运输、海洋资源开发保护与海洋科学，旨在强调海军作为海洋权益维护之本，对四大领域及可持续发展做了明确要求；后者具体包括大西洋、北极、太平洋、里海、印度洋和南极，旨在以海军力量为支撑，力求各海域综合实力的增强。由于北约持续东扩，且将对俄政策由合作转向战略遏制；北极资源丰富且对于保证俄海军自由进出大西洋与太平洋意义重大，因而新版《俄罗斯联邦海洋学说》大大强化了大西洋和北极的战略分量，实质是俄罗斯向西方发出的捍卫本国在大西洋及北极地区战略利益的宣言。

大西洋方向上，俄罗斯以解决大西洋、波罗的海、黑海-亚速海以及地中海的长期问题为主要目的，综合开展海军建设、渔业发展、港口建设、管道能源运输、船舶制造、海上旅游、海上文化传承、海上科研提升与国际合作活动等。其中在大西洋区域，发展海上运输是区域方向专业化的关键要素之一，俄罗斯将推进海港基础设施和海底管道系统建设，打造物流综合体，在保障出口的同时也有利于加里宁格勒地区的能源供应。建设具有竞争力的船舶队伍，发展通往乌斯季卢加和圣彼得堡海港的渡轮线路，为加里宁格勒地区提供交通便利。此外，更新与建造包括渔船与渔业加工设施在内的渔业综合设施，推进海洋渔业发展。建设海岸旅游综合体，保护海洋自然和文化历史遗产。在波罗的海区域合理利用海洋自然资源，在海洋活动全领域建立信任体系，为波罗的海国家间的稳定经济合作创造条件。在黑海-亚速海地区，一是发展国际运输走廊，发挥该区域沿海地区的运输和过境潜力，具体举措包括：推进克里米亚沿海港口基础设施的现代化改造与发展，建设包括海底管道设施的天然气出口运输系统；发挥克里米亚修造船潜力优势，建设该地区的修造船综合体，打造具有竞争力的运输船舶队伍；推进船舶河海混合航行，发展黑海渡轮运输，并开通克拉斯诺达尔地区—克里米亚的渡轮线路，确保克里米亚的交通便利。二是发展旅游休闲活动。开发高规格高品质的滨海旅游度假胜地，将克里米亚和黑海-亚速海的港口与地中海邮轮航线连接，发展国际规模的多功能娱乐综合体。在地中海地区，俄罗斯强调发展该地区的邮轮航行。

北极方向上，北极战略是俄罗斯海洋战略的重要组成部分。除新版《俄罗斯联邦海洋学说》外，2020年，俄罗斯联邦政府出台《2035年北极政策》《2035年俄罗斯联邦北极地区发展和国家安全保障战略》，成为统筹北极全方位发展的国家纲领性文件。俄罗斯北极主要目标为：①形成北极沿岸地区和邻近水域经济发展的产业与科技基础，提升俄罗斯联邦经济潜力。通过建造和运营海上管道、钻井平台等，强化大陆架矿物与能源等自然资源开发利用能力；加强对北极盆地中部水生物资源的研究，评估喀拉海和楚科奇海渔业潜力；加快区域海洋经济综合体发展，挖掘北极沿岸地区和北冰洋岛屿的旅游潜力，促进斯匹次卑尔根岛、新地岛、弗兰格尔岛等岛屿海洋活动多样化。②加强北极基础设施建设与北方海航道开发。一方面加强核动力破冰船队建设，通过建立现代化的核技术服务基地，提高运行安全性；另一方面提升海港基础设施现代化水平；此外，借助北方海航道复兴改变俄罗斯当前海权状况，巩固在北极的实际存在、能力优势和法律主张。③发展北极环境监测系统，强化北极海洋环境的保护、管理和养护，促进清洁能源技术科学研究、应用，实现北极地区可持续发展。

太平洋方向上，随着欧洲对俄罗斯制裁的加剧，太平洋区域作为俄罗斯通向国际的重要出口，对于俄罗斯的重要性日渐增强。新版《俄罗斯联邦海洋学说》明确提出要保障俄罗斯联邦在太平洋区域有足够的海洋军事存在，突出强调俄罗斯舰队自由出入太平洋的特殊重要性。此外，结合远东地区地广人稀、资源丰富而开发不足的特点，俄罗斯将积极开拓东亚市场，发展与中国的友好关系并加强与该区域其他国家的积极合作；强调海洋运输业的发展，确保包括海港在内的主要海运和物流枢纽的协调发展，尤其是在库页岛和千岛群岛，建设具有竞争力的现代客运与货运船队，以促进"东亚-西北欧"之间的货物转运业务发展；加大海上基础设施建设力度，建立适当的海岸基础设施，包括近海石油与天然气水下管道输送系统专用终端；促进海上邮轮发展。

里海方向上，由于里海盆地具有体量可观的独特矿物和生物资源，俄罗斯强调在该地区加强海港与船队建设的同时，主张开展渔业资源开发、石油和天然气勘探与开采、水下管道建设以及推进里海国际法律制度建设等活动。

印度洋方向上，新版《俄罗斯联邦海洋学说》首次明确提出将中、印两国作为重要合作伙伴，指出与中国、印度发展友好关系并与该地区其他国家扩大协作是国家海洋政策的重要组成部分。

南极方向上，俄罗斯首次将南极列入了利益范围并单独表达。相对于北极的强调，新版《俄罗斯联邦海洋学说》对南极的开拓雄心相对保守，其指出俄罗斯作为《南极条约》缔约国之一，将致力于维护该地区的和平稳定和国际科研工作的顺利推进，积极参与解决南极国际问题，巩固俄罗斯在南极的地位。长期任务包括：积极利用南极条约机制，在南极地区保持并扩大存在；开展综合科研项目，提升在全球气候研究中的贡献；合理开发南极生物资源以促进俄罗斯经济发展等。

然而，严峻复杂的外部环境以及俄罗斯本身面临的人口老龄化、高度依赖化石能源开发等内部因素，都将对俄罗斯海洋战略的实施产生重要影响并可能进一步恶化其经济前景，并非所有的规划与项目都能按计划进行或取得较好的成效。但可以预计在这样的背景下，俄罗斯将继续坚持"以军事为保障、以经济为重点"，强化太平洋方向的经济潜力挖掘，重视与中国的广泛交流与合作。

第四节　中俄潜在合作方向探讨

近年来，中俄重视发展两国间的全面战略协作伙伴关系。2015 年，中俄双方签署了《关于丝绸之路经济带建设和欧亚经济联盟建设对接合作的联合声明》，努力将丝绸之路经济带建设和欧亚经济联盟建设相对接，确保地区经济持续稳定增长，为整个欧亚空间的转型奠定基础。2019 年 6 月，中俄两国再度发表声明称，中俄从"全面战略协作伙伴关系新阶段"上升为"新时代全面战略协作伙伴关系"。

此外，近年来中俄两国元首之间以及总理之间保持高频率会晤，将中俄关系的热络程度与发展水平提升到前所未有的高度。2021 年俄罗斯发布的新版《国家安全战略》，突出与中国的"新时代全面战略协作伙伴关系"的重要价值，但也重视与印度构建"特殊特惠战略伙伴关系"，目的是希望在亚太地区建立以不结盟为基础的地区稳定与安全保障的可靠机制，进而寻求与东方大国关系的平衡（万青松，2020）。伴随政治互信度的提升，中俄双边贸易额稳步提升，占俄罗斯对外贸易总额的比重从 2009 年的 8.36% 上升至 2019 年的 16.64%，连续 10 年中国成为俄罗斯主要贸易伙伴。中俄两国如何在新形势下消弭两国的利益分歧，逐步扩大合作领域，将是两国接下来的重要课题，也是两国能够长久维系高水平政治互信的关键所在（李洋，2020）。

一、强化中俄"东北—远东"合作

俄罗斯远东地区拥有丰富的自然资源，发展潜力巨大。据俄方统计，俄远东地区分布着亚太地区规模最大的煤矿、锡矿和世界级的大型多金属矿，以及占整个亚太地区 81% 钻石储量、51% 的森林资源、37% 的淡水资源、33% 的水生生物资源，还有 32% 的黄金储量、27% 的天然气储量和 17% 的石油储量（商务部，2018）。但该地区缺乏良好的经济发展环境，交通不便利、货物运输受季节影响，基础设施落后，教育、医疗得不到充分保障，因此人口流失现象严重，经济发展动力不足，长期处于俄罗斯落后地区行列。近年来，俄罗斯为远东地区的经济发展给予了很大的政策支持，真正进入关注发展的阶段，希望吸引亚太国家资金与技术助力远东开发，更希望远东加速融入全俄罗斯的统一市场空间，成为带动俄罗斯全国经济发展的积极因素。在机构改革方面，2018 年俄罗斯将原属西伯利亚联邦区的布里亚特共和国和外贝加尔边疆区并入远东联邦区；将远东联邦行政中心由哈巴罗夫斯克迁至符拉迪沃斯托克，为促进远东联邦区的发展注入更大的动力。2019 年 2 月，扩大远东发展部权限，重组为远东与北极发展部。在制度创新方面，相继施行跨越式发展区制度（2014 年）、符拉迪沃斯托克自由港制度（2015 年）、远东免费一公顷土地制度（2016 年）、电子签证制度（2017 年）和远东优惠抵押贷款制度（2019 年）等，促进远东开发从资源主导转向综合开发。需要提及的是，根据政策设计，俄罗斯政府为跨越式发展区提供基础设施建设，而不负责自由港的基础设施建设，因而入驻跨越式发展区的项目往往得到更为优厚的待遇（商务部，2018；肖辉忠，2021）。截至 2019 年，俄政府已正式批准在远东设立 20 个跨越式发展区，符拉迪沃斯托克自由港入驻企业已有 174 家，其中 76 家已投入运营。2020 年 9 月，俄联邦政府通过了远东 2024 年以及 2035 年前社会经济发展国家规划，进一步确认了远东在国家发展中的优先地位，特别强调通过新的制度、机制创设推动远东地区发展，还把符拉迪沃斯托克自由港制度拓展到整个远东地区。俄罗斯还在《2025 年前远东和贝加尔地区社会经济发展战略》中专辟"俄罗斯远东地区与中国东北的跨境合作及与东北亚其他国家的经济往来"一章，强调远东和贝加尔湖地区应首先着眼于与东北亚国家的合作，并把中国东北地区作为优先合作方向，勾勒了交通运输、信息通信、能源、科技、投资、旅游、生态等领域的合作前景（彭书涵，2021）。可以预计，俄罗斯在遭受极端制裁的影响下，其对远东的投入可能存在较大波动，但可以肯定的是俄联邦中央的远东政策不会发生大的偏离。

中国东北地区工业基础雄厚，自然资源丰富，是大型的粮食产区，但由于相对封闭的地理环境、固化的生产经营模式、有限的市场化程度，东北地区也面临着经济体量较小，经济增长动力不足、资源型与重化工型产业结构亟待转型升级等一系列困难和挑战。党中央、国务院对东北地区发展历来高度重视，给予了大量的政策支持。2003 年做出实施东北地区等老工业基地振兴战略的重大决策，采取一系列支持、帮助、推动振兴发展的专门措施。2012 年，国务院相继批复了《东北振兴"十二五"规划》《中国东北地区面向东北亚区域开放规划纲要（2012—2020 年）》，着力破解制约东北振兴的体制性、机制性、结构性矛盾，推动体制机制不断创新，把黑龙江、吉林、辽宁和内蒙古建成我国面向东北亚开放的重要枢纽，且明确提出要加强和俄罗斯远东地区的合作，包括跨境通道建设、加大金融支持等。2014 年国务院印发《国务院关于近期支持东北振兴若干重大政策举措的意见》要求抓紧实施一批重大政策举措，巩固扩大东北地区振兴发展成果、努力破解发展难题、依靠内生发展推动东北经济提质增效升级。提出扩大向东北亚区域及发达国家开放合作，打造一批重大开放合作平台，完善对外开放政策。2016 年，中共中央、国务院印发《中共中央 国务院关于全面振兴东北地区等老工业基地的若干意见》，明确提出加强东北振兴与俄远东开发战略衔接，深化毗邻地区合作。要求东北地区主动融入、积极参与"一带一路"建设。协同推进战略互信、经贸合作、人文交流，加强与周边国家基础设施互联互通，努力将东北地区打造成为我国向北开放的重要窗口和东北亚地区合作的中心枢纽。2021 年，《中华人民共和国国民经济和社会发展第十四个五年规划和 2035 年远景目标纲要》提出"推动东北振兴取得新突破"，要求从维护国家国防、粮食、生态、能源、产业安全的战略高度，加强政策统筹，实现重点突破。加快东北地区开放步伐，建设长吉图开发开放先导区，提升哈尔滨对俄合作开放能级。

从上述分析中可以看出，俄罗斯的远东开发计划与我国的东北振兴战略几乎步调一致、不谋而合。与此同时，俄远东地区与中国东北地区在自然资源、人力资源、产业结构、资金技术等多个方面有着巨大的经济互补优势。高度契合的发展战略以及强互补性的经济发展结构使得两地区间发展经济贸易和投资合作成为双边关系中的重要方向，两国领导人对此高度重视，不断推进中俄边境地区的合作规划与项目开展。2009 年，两国元首在 G20 峰会上一同颁布了《中华人民共和国东北地区与俄罗斯远东及西伯利亚地区合作规划纲要（2009—2018 年）》，涉及口岸与边境基础设施、合作园区、劳务、旅游、人文、环保等诸多领域，标志着中俄合作由此开始步入具体开展合作项目的实质性阶段。2018 年，习近平主席赴俄出席第四届东方经济论坛期间与俄普京总统共同签署《中俄在俄罗斯远东地区合作发展规划（2018—2024 年）》，进一步确立了两国重点合作方向及优先投资领域，包括天然气与石油化工业、固体矿产、运输与物流、农业、林业、水产养殖和旅游等，成为指导双方合作的纲领性文件，也是中国企业投资远东地区的行动指南（商务部，2018）。2020 年，中国东北地区和俄罗斯远东及贝加尔地区政府间合作委员会第三次会议通过视频形式举行，更新了《中俄在俄罗斯远东地区合作发展规划（2018—2024 年）》，增加了俄外贝加尔边疆区、布里亚特共和国相关内容。而"一带一路"更是为俄罗斯远东地区与中国东北地区的经济合作提供了政策上的支持。

10 多年来，在各方面共同努力下，俄远东开发与我国东北老工业基地振兴，以及两国地区间合作均取得明显成效和阶段性成果，展现出较强韧劲和发展潜力。中俄积极构建"滨海一号""滨海二号"国际运输走廊，共同打造中蒙俄经济走廊，建设完成同江铁路桥、黑河-布拉戈维申斯克公路桥等交通要线，不断提升交通便利性。两国边境交接地带现已设立多个边境经济合作区、边民互市贸易区、边境工业园以及 20 多个中俄边境口岸，合作模式逐步多样化，合作领域逐步拓展，贸易产业结构也在逐渐改善。据俄方统计，俄远东工业增长速度和固定资产投资增长均远超全俄平均水平。中国投资者已在跨越式发展区和符拉迪沃斯托克自由港内申请实施 59 个投资项目，规划投资 24 亿美元，在各投资国中排名第一，投资领域主要集中在跨境基础设施、农林、能源资源等领域。由投资带动的贸易额也出现增长，2019 年，中国与俄远东地区间的贸易额达 104.7 亿美元，同比增长7.1%，中国已连续多年成为俄远东地区第一大贸易伙伴国（商务部，2018）。然而，双方均认为在俄远东地区与中国的贸易结构中，加工程度较低的原料产品仍占主导地位，需要大力发展高附加值产品与服务贸易。俄远东地区主要向中国东北出口木材、石油及石油产品、海产品和金属矿产等初级产品；而从中国东北进口产品中，粮食、蔬菜以及劳动密集型工业制成品占主要地位，但近年来随着两地区合作的深化发展，资本及技术密集型产品比重正逐年增加（伊万诺瓦·叶莲娜，2016）。

在新的形势下，中俄两国需继续推进"一带一路"同欧亚经济联盟的对接，利用好上海合作组织、中蒙俄经济走廊、东方经济论坛等已有经济合作组织平台，进一步加强地区间政策沟通，优化俄罗斯远东地区和中国东北地区投资和营商环境，消除贸易壁垒，降低通关成本，拓宽合作领域，让投资和进出口贸易更加便捷和自由化，将中俄两国间的政治优势转化为经济发展的动力（王超和刘嘉慧，2021；刘超男，2021）。此外，应重点围绕中俄自由贸易区、符拉迪沃斯托克自由港以及《中俄在俄罗斯远东地区合作发展规划（2018—2024 年）》中提到的重点项目和重点区域，协调中国东北地区和俄罗斯远东及贝加尔地区政府间合作，务实推进项目合作，并充分发挥俄远东地区与中国东北地区合作所带来的特色优势，加大两地区人才引进力度。在我国省域层面上，我国黑龙江应依托中俄自贸区全面提升对俄合作承载能力，建设服务全国对俄合作的"云上"综合服务平台，打造跨境产业链和产业集聚带（殷新宇，2021）。吉林应依托"珲春-哈桑"跨境经济合作区、中俄边境口岸等，沿"滨海 2 号"国际交通走廊建设中俄珲春-哈桑国际经济合作带。内蒙古依托中蒙俄国际经济合作走廊建设，发挥连通俄蒙的区位优势，以满洲里、黑山头口岸为重点，全力打造充满活力的沿边经济带和对俄商贸流通示范区。在我国区域合作层面上，需立足国内大循环，适时扩展区域合作平台，积极推动中俄"东北—远东"区域合作与国内京津冀、长三角、珠三角和成渝经济圈等区域战略对接，构建起可循环起来的对俄经济合作圈。

二、促进中俄海洋产业合作

聚焦到海洋领域，海洋强国均是中俄两国发展重心之一。当前，中俄两国面临的国内外形势及海洋安全形势复杂多变，海洋权益维护压力日益增大，由此中俄有意加强双边海洋合作，以充实两国全面战略协作伙伴关系内涵，使其呈现更加积极的发展势头。2003 年 5 月两国政府共同签署了《中华人民共和国政府和俄罗斯联邦政府关于海洋领域合作协议》，标志着中俄两国海洋合作进入启动阶段，合作内容主要聚焦大洋矿产资源开发、海洋科学研究、海洋环境保护等低敏感领域。2014 年，中俄两国签署了《中华人民共和国与俄罗斯联邦关于全面战略协作伙伴关系新阶段的联合声明》，双方将采取新的措施提高务实合作水平，扩大务实合作领域。2019 年 6 月，中俄元首于莫斯科发布《中华人民共和国和俄罗斯联邦关于发展新时代全面战略协作伙伴关系的联合声明》，双方将更加全面挖掘两国关系潜力和发展动能，推动两国务实合作全面提质升级，合作领域涉及能源、投资、金融、科技创新、信息通信、农业、交通运输、人文交流和北极可持续发展等诸多领域，蓝色经济合作作为两国自身发展和双边经济合作最具潜力的增长点，自然成为两国务实合作的重要领域。基于两国间的资源禀赋、合作基础与政策导向，中俄海洋经济合作可以围绕双方关切的能源、港口航运、船舶装备建造、海洋旅游、海洋渔业等领域开展。

（一）中俄能源开发合作

俄罗斯陆地和海洋大陆架蕴含丰富的油气资源。近年来，为增强石油天然气工业发展后劲，加大油气资源向亚太地区出口以促进能源出口市场多元化，实现未来能源战略安全以保障俄罗斯经济稳定，俄罗斯越发重视大陆架油气资源的勘探开发（彭书涵，2021）。随着中国经济的快速发展，中国对石油和天然气的需求量与日俱增，目前中国已成为世界上第一大石油进口国，第二大原油消费国，石油对外依存度达70%以上（人民网，2020），天然气对外依存度超过40%（李永昌，2020），且预计2035年将超过日本成为世界第一大天然气消费国。尽管我国政府逐步加大对新能源和可再生能源的利用，但短期内仍无法摆脱对传统能源的依赖，可以预见未来很长一段时间，海外油气进口依然是保障我国能源供应安全的主要途径。2020年中国从俄罗斯进口石油7045万吨，占全部进口石油的13%，俄罗斯在中国所有石油进口国中排名第二。俄乌冲突将导致俄罗斯能源出口受阻，能源流向必然转向亚太地区，而我国作为世界第一大能源进口国，对于俄罗斯能源出口来说举足轻重。中俄两国在能源供求关系上的互补性与相互依赖性，决定了双方在能源贸易及开发利用方面拥有巨大合作空间（李富兵等，2022）。

近年来，中俄在油气领域合作不断取得突破，成为"一带一路"倡议和欧亚经济联盟对接落实中分量最重、成果最多的一大亮点。经过长达15年的漫长谈判，2012年中俄石油管道顺利签约，每年向中国输送原油1500万吨，确保了我国石油进口的多元化。2014年5月，中俄两国签署了价值高达4000亿美元的《中俄东线供气购销合同》。合同规定，俄罗斯从2018年起开始向中国供气，输气量逐年增加，最终达到每年380亿立方米，累计30年。同年11月，中俄两国又签署了"西线天然气供应框架协议"。根据协议，俄罗斯每年将通过西线对华供气300亿立方米，为期30年。2016年中国石油天然气股份有限公司和中国丝路基金分别收购了俄罗斯北极主要战略能源项目——亚马尔液化天然气项目（亚马尔LNG）20%和9.9%的股权。2017年底，中俄亚马尔液化天然气项目正式投产，目前1、2、3期工程运转顺利，首船亚马尔液化天然气顺利运抵中国。2018年初，中俄原油管道二线正式运营，随着中俄原油管道一线二线全部投产，俄罗斯每年可向中国输入的原油量也将增至3000万吨。2019年4月，中国海洋石油集团有限公司和中国石油天然气股份有限公司分别收购了俄罗斯"北极液化天然气-2号"项目10%的股权。同年12月，中俄东线天然气管道[通过伊尔库茨克天然气开采中心（科维克塔气田）、雅库特天然气开采中心（恰扬金气田），经"西伯利亚力量"管道供应中国]正式向中方供气，管道每年输送能力达380亿立方米。由此带动了俄远东天然气加工业的发展，如俄罗斯西布尔有限责任公司在阿穆尔州斯沃博德内市正在建设阿穆尔天然气化工综合体（AGCC）项目。AGCC项目设计聚合物年产能为 270 万吨，其中包括 230 万吨聚乙烯和 40 万吨聚丙烯。中国和其他亚洲国家将是 AGCC 的主要销售市场。2019 年 6 月 5 日，中国石油化工集团有限公司与俄罗斯西布尔有限责任公司在莫斯科签署了 AGCC 项目框架协议。按照协议，中国石油化工集团有限公司将在该项目中拥有 40%股份（河北师范大学俄罗斯远东研究中心，2020）。2020 年 9 月，4860 万吨俄罗斯原油进入大庆石化炼油厂俄油储罐，首批 1.5 万吨俄油进入工厂，标志着大庆石化正式开启俄油炼制历史新篇章，有效助力石化产业链延伸和地方经济发展。当前，中俄正在就"北极液化天然气-2 号"项目合作保持沟通。综上可以看出，中俄能源合作方式已经突破单一的原料交易模式，呈现出上下游一体的多元合作态势，俄罗斯基本实现对华能源出口扩大与能源贸易结构优化的同步改变（李洋，2020）。

　　着眼未来，我国与俄罗斯能源合作可强化以下方面：①强化跨境能源储运设施建设。推进天然气管道线路"Soyuz Vostok"综合可行性分析，争取开辟新的运输通道，过境蒙古国将天然气输送到中国；充分利用俄罗斯远东地区丰富的石油和天然气资源，谋划在俄罗斯扎鲁比诺等海港建设能源储备基地，配置 LNG、LPG 等气体能源储罐群区，并建设配套功能区，谋划建设俄罗斯扎鲁比诺等海港至珲春的油气管道；在我国东北地区打造国家战略储备基地和能源化工基地，重点开展 LNG、LPG 储运及精深加工项目，加快建设珲春 150 万吨 LNG 省级应急储备基地项目，培育油气中下游产业链。②深化清洁能源领域技术交流与合作。当前，绿色转型、低碳经济已成为全球热点议题，作为传统能源出口大国的俄罗斯自然不可回避。在 2021 年新版《国家安全战略》中，俄联邦政府着重强调了应对气候变化、发展绿色和低碳经济的重要性。而我国在 2030 年前碳达峰、2060 年前碳中和的目标指引下，能源结构转型是必由之路。中俄清洁能源技术合作具有较强的互补性。近年来，我国滨海核能、风能、太阳能等清洁能源发展迅速，但氢能发展还在初期阶段。而俄罗斯核能、氢能研究发展已有 50 余年历史，在核电机型和氢能燃料电池的质子交换膜等领域居世界领先地位，其在太阳能和风能领域发展有限。此外，天然气是未来全球氢气的主要来源，作为全球天然气储量首位的俄罗斯具有发展氢能的天然优势（万青松，2020）。未来，中俄两国可在核能、氢能等清洁能源领域深化合作，共同研究氢气提取与制备技术、氢能燃料电池技术以及碳捕捉与封存技术等（孙淼，2022）。

　　（二）中俄港口航运合作

　　跨境通道的通畅是中俄经贸合作的关键。俄罗斯远东太平洋沿岸分布着 20多个商港，在国际货运中发挥重要作用的海港有滨海边疆区的东方港、纳霍德卡港、符拉迪沃斯托克港、扎鲁比诺港、波谢特港、斯拉维扬卡港以及哈巴罗夫斯克边疆区的瓦尼诺港等（表 5.1）。相比于俄罗斯，虽然中国的港口发展更为迅猛，拥有世界十大港口中的七座，但我国东北地区却缺少通往日本海的出海口，已有港口均位于面向渤黄海的辽宁省。近年来，中俄两国联合推进国际运输走廊建设，有力促进了两国互联互通。2014 年，首座横跨中俄两国界河的中俄同江铁路界河桥开始建设，形成我国东北铁路网与俄罗斯西伯利亚铁路网相连通的国际铁路联运大通道。2016 年，中俄合作开始建设黑河-布拉戈维申斯克黑龙江公路桥，并于2019 年 5 月合拢，开辟了又一条国际运输通道，有力促进两国互联互通。当前，中俄正积极建设"滨海 1 号""滨海 2 号"国际运输走廊。"滨海 1 号"连接中国黑龙江省与俄滨海边疆区的港口，具体路线为哈尔滨—绥芬河—波格拉尼奇内—乌苏里斯克—符拉迪沃斯托克港/东方港/纳霍德卡港—亚太地区港口。"滨海2 号"连接中国吉林省与俄滨海边疆区的扎鲁比诺港等港口，具体路线为长春—吉林—珲春—波谢特港/扎鲁比诺港/斯拉维扬卡港—亚太地区港口。这两条国际运输走廊与我国"一带一路"倡议下中蒙俄经济走廊相衔接，是打开俄罗斯参与亚太国家经济一体化的国际大通道。

表 5.1 俄远东地区主要海港情况

名称	港口基本情况
东方港	位于俄罗斯滨海边疆区南部阿美利加湾东部弗兰格尔湾岸，是俄远东地区最大、最深的港口。现有 9 个泊位（包括 3 个集装箱泊位、4 个木材泊位和 2 个煤炭专用泊位），70 个专业化码头，可停泊 10 万吨级海轮，为俄罗斯太平洋沿岸高度机械化和自动化的大型综合性商港
纳霍德卡港	位于俄罗斯滨海边疆区、日本海纳霍德卡湾，在符拉迪沃斯托克的东南方约 80 千米处。现有 19 个水深约 11.5 米的泊位和油港。年吞吐能力 2000 万吨，进出口散杂货为主
符拉迪沃斯托克港	位于俄罗斯滨海边疆区、阿穆尔湾与乌苏里湾之间，是西伯利亚大铁路的终点和北方航线的终点，是一座天然的避风港，共有 16 个深水码头，散货及集装箱码头均有。港区水深 9 米以上，可停靠万吨以上货轮，年吞吐能力 1000 万吨以上
扎鲁比诺港	位于俄罗斯滨海边疆区、图们江入海口以北，是以集装箱运输为主的国际货港。现有 4 个泊位，可停靠万吨级轮船，年吞吐能力为 120 万吨。港口铁路可直达珲春铁路口岸，运距在 80 千米左右
波谢特港	位于俄罗斯滨海边疆区、图们江入海口以北，距离珲春边境经济合作区仅 41 千米，是一座天然避风港和不冻港。现有 3 个泊位，可停靠万吨货轮，年吞吐能力 150 万吨，主要是散货码头
斯拉维扬卡港	位于俄罗斯滨海边疆区哈桑阿穆尔湾南侧、斯拉维扬卡湾内，是俄罗斯远东地区以油品为主的货港，现有 1 个原油码头，4 个泊位，1 个木材码头和 1 个船舶维修厂
瓦尼诺港	位于俄罗斯哈巴罗夫斯克边疆区、鞑靼海峡瓦尼诺湾西北岸，南距苏维埃港约 10 千米，是重要的木材出口港，大陆同萨哈林岛（库页岛）和千岛群岛间客、货运转运港。港区主要码头泊位有 20 个

借助"滨海 1 号""滨海 2 号"国际运输走廊建设契机，中俄双方接下来应进一步加强在港口装卸、陆海联运及基础设施等方面的深入合作：①强化港口开发建设。积极申请亚洲区域合作专项资金、丝路基金等国家财政支持资金，引进战略投资者，重点推动中俄合作的扎鲁比诺港和斯拉维扬卡港扩能改造，打造中俄扎鲁比诺、斯拉维扬卡临港经济合作区；鼓励我国相关企业进一步拓展与符拉迪沃斯托克港、纳霍德卡港、东方港的港口建设及改造合作；加快建设我国珲春国际港，建成集散货、集装箱、危化品等多种类型货物的储存与运输系统，打造东北亚国际物流集散中心。②大力推动陆海联运发展。依托"珲春—扎鲁比诺—宁波""珲春—扎鲁比诺—青岛"等"内贸外运"航线，韩日等国际航线和"滨海 1 号""滨海 2 号"国际运输走廊等国际通道，持续推动陆海联运发展。深化与俄罗斯扎鲁比诺港的合作，积极推进俄罗斯纳霍德卡、符拉迪沃斯托克、波谢特等港口租用工作，逐步扩大"借港出海"战略与海港、航线的多元化；加速推进跨境疏港公路和铁路等基础设施建设，发展互联互通，提升陆海联运水平。③加速打通边境口岸物流服务瓶颈。积极合理放宽中俄运输种类及运量限制，适应水产品、航运物流等产业发展需要。借鉴绥芬河、满洲里等口岸实行的中俄双方查验结果互认制度，协调推进其他口岸，推进中俄双方查验结果互认工作，深化通关便利化改革。推进第三方物流发展，在运输和仓储的基础上发展增值服务，提升现代物流运行能力。此外，协调俄方合作开展中俄口岸尤其是俄方口岸物流信息化数字化建设，健全跨境物流信息服务体系，提升跨境物流效率。

除中俄在东北地区与远东地区的航运合作外，开展北极航运合作也是中俄合作的核心领域之一。北极航道是指穿越北冰洋，连接太平洋和大西洋的海上航线集合，主要由大部分航段位于俄罗斯沿岸的东北航道、地处加拿大群岛间水域的西北航道以及位于北冰洋中心的北极点航道构成。由于东北航道主体基本位于俄罗斯北部海域，俄罗斯对此航道极为重视并严格管控，在其国内立法中将白令海峡至喀拉海峡这部分航道称为"北方海航道"。据有关估计，2050 年后船只可在不采取抗冰加强措施的情况下实现该航道的全年通航。俄方计划对该航道基础设施进行现代化改造，逐年提升运量，至 2024 年提高至 8000 万吨，至 2035 年提升至 1.6 亿吨。当前及未来一段时间，在内外局势均对俄罗斯不利的大背景下，俄罗斯北方海航道的开发利用迫切需要更加广阔的市场、资金和专业技术支持（徐曼，2021）。对于我国而言，外贸货运的 90%以上均由海运承担，海洋运输线已成为我国繁荣发展的"海上生命线"，而航程是海运成本的关键影响因素。北极东北航道的开通将有效缩短亚欧国家间的海运距离，极大缩减航运成本的同时也切实降低航运风险，对我国经贸发展具有很大的促进作用。

2013 年 5 月，在瑞典基律纳召开的第八届北极理事会部长级会议上，中国成为北极理事会正式观察员国。2015 年 12 月，中俄总理第二十次定期会晤，首次提及北极地域，将"加强北方海航道开发利用合作，开展北极航运研究"写入联合公报。此后，北极航道开发得到中俄高层的密集发声力挺。2017年5月，俄罗斯总统普京出席首届"一带一路"国际合作高峰论坛时表示，希望中国能利用北极航道，把北极航道同"一带一路"连接起来。紧接着6月20日，我国出台《"一带一路"建设海上合作设想》，提出积极推动共建经北冰洋连接欧洲的蓝色经济通道，正式将北极航道纳入中国的"一带一路"倡议。同年7月，中俄元首于莫斯科共同签订《中华人民共和国和俄罗斯联邦关于进一步深化全面战略协作伙伴关系的联合声明》，明确提出要开展北极航道合作，支持双方有关部门、科研机构和企业在北极航道开发利用、联合科学考察、能源资源勘探开发、极地旅游、生态保护等方面开展合作。2019年6月6日，中俄两国签署关于发展新时代全面战略协作伙伴关系的联合声明，将两国的北极合作领域进一步拓展至北极航线开发利用、北极地区基础设施、北极资源开发、北极旅游、极地生态环保与极地科考等领域。次日，中远海运集团与俄罗斯诺瓦泰克公司、俄罗斯现代商船公共股份公司以及丝路基金有限责任公司四方在俄罗斯圣彼得堡签署了《关于北极海运有限责任公司的协议》，为中俄两国北极航运合作创造了良好开端（郭培清，2021）。可见，中俄北极航运合作进入到新阶段、新征程。为进一步助推中俄"冰上丝绸之路"合作，建议以油气资源合作开发为突破口，强化北极地区基础设施建设合作；加快我国具有破冰和抗冰能力船舶研究和技术储备，锻造北极商用船舶队伍，提升常态化运行能力；加强与俄罗斯在极地航行领域的技术与经验交流，积极推动北极科学考察合作，不断完善北极航区数据资料，为北极航行的实施奠定基础；搭建我国北极科教与创新人才培育融合平台，加强极地科技领域专业技术人员队伍建设，为北极航运做好人才储备。

（三）中俄船舶与装备建造合作

俄罗斯造船业作为国家国防工业的支柱产业，在军事船舶设计和建造方面、技术与工艺方面仍然保持世界上较高水平。在民用船舶制造领域，俄罗斯计划减少对外国供给配件与设备的高依赖度，正逐步扩大国产化比例。俄远东地区约有23家船舶制造企业，包括正在建设的位于滨海边疆区巨石跨越式发展区的俄罗斯最大造船综合体——红星造船厂。该项目竣工后，其生产能力将几乎包括所有类型、级别和功能的船舶建造，包括核动力破冰船、液化气船以及此前俄罗斯从未具备的保障海上项目的海洋装备设施（国际船舶网，2019）。值得一提的是，俄罗斯小型模块化反应堆（small modular reactor，SMR）技术成熟，正稳步发展极地必备的核动力破冰船和可为城市与海上钻井平台供电的浮动核电站。预计到2035年前，俄罗斯北极船队将拥有至少13艘重型破冰船，其中9艘为核动力破冰船。

俄罗斯希望凭借强大的重型核动力破冰船,实现北方航道全年通航。在浮动核电站方面,俄罗斯的 Akademik Lomonosov 是世界上第一座浮式核电站,于 2020 年 5 月开始商业运营。俄罗斯国家原子能公司仍在广泛开展更先进小型反应堆的研发工作,包括"大陆架"、"勇士"、ATGOR、SVBR-100、ABV-6 以及 BREST-OD-300 等。但受经济危机、新冠疫情及欧美制裁等因素影响,目前除 BREST-OD-300 外,绝大多数反应堆仍处于技术提案或初步设计阶段,尚未进入建设规划阶段。

俄罗斯由于民用造船和海工装备制造能力有限,在 2035 年之前,远无法满足国内市场对民用船舶和海工装备的需求,因而多寻求与主要船舶海工建造国的合作。其中,俄罗斯与日韩造船企业合作较多,已开展了多种方式船舶建造技术深度交流与合作。除日韩外,凭借与俄罗斯的合作关系和成本优势,中国船企也揽获部分俄罗斯造船订单,且 2014 年后海工装备在俄市场份额快速增长,目前占到了俄罗斯开采设备市场份额的 45%。在欧美持续加强对俄制裁与俄罗斯《2035 年前俄联邦造船业发展战略》推进下,预计俄罗斯未来的船舶制造本地化率将越来越高,但随着俄罗斯海洋采矿和能源业的不断发展、港口设备的升级换代、商用船舶的更新与现代化改造,民用船舶的需求不断上升。我国海洋船舶与装备出口企业依然拥有很多的商机,合作空间仍然广阔。未来,我国在加强与俄军事造船领域的合作与技术交流的同时:①要充分利用俄罗斯提高船舶与海工装备自主建造能力的迫切性,加强俄罗斯民用船舶与海工装备市场需求研究,加大我国船舶与装备营销推介,与俄罗斯相关企业在船舶海工研发及建造技术、船厂设施、配套设备等方面开展资本、技术等合作,稳步开拓俄罗斯市场,促进产品与产业同步输出与发展;②注重冰区加强型船舶研发,着力推动与中俄石油管道体系衔接的 LNG 船、邮轮、破冰船等极地航行船舶建造;③加大我国自主研发设计的海洋石油平台建设出口,同时可借鉴俄方核动力装置与浮动电站整体设计、关键技术及运行经验,发挥我国船舶制造和海洋工程平台建设优势,加快我国核动力船舶与海上浮动电站建设(刘宇,2017;申程和张琦,2016)。

(四)中俄海洋旅游合作

中俄两国均拥有丰富的地质生态景观、水域和滨海风光、历史与民族文化等旅游资源,且两国旅游资源互补性强,具有相互吸引对方客源的客观优势,合作潜力巨大。旅游交流合作已成为中俄双边务实合作的重要组成部分。2016 年,中国访俄游客数量为 107.3 万人次,2017 年达 150 万人次,2018 年受俄罗斯举办世界杯赛事影响,中国访俄游客攀升至约 200 万人次,创下新的历史纪录,中国已连续多年成为俄罗斯的第一大入境客源国,带动了俄罗斯旅游产业链的整体发展。其中 80%的中国游客是通过旅游团免签的方式入境俄罗斯,而莫斯科、圣彼得堡以及多国间跨境旅游成为最受中国游客欢迎的旅游线路，俄罗斯伊尔库茨克、新西伯利亚地区等地的中国游客数量也呈现增长趋势。为满足中国游客要求，俄罗斯不断扩大旅游产品的范围，创建文化历史旅游、体育旅游、冬季旅游、北极旅游、军事与工业旅游等各领域旅游项目。与此同时，中国也成为俄罗斯游客出境游增长幅度大的目的地之一，2016 年俄罗斯访华游客达到 118.3 万人次，2017 年增加到 230 万人次，2018 年为 241.43 万人次，中国已位列受俄罗斯游客青睐的第三大国家。俄来华旅游目的地也由边境城市向其他区域延伸，三亚已成为受俄罗斯游客欢迎的热门旅游地之一。中俄双边跨旅游的快速发展离不开两国政府的大力推进。2000 年，中俄双方签署了团体旅游互免签证的政府间协定，方便两国公民以团体方式前往对方国家旅游，促进两国的旅游交流与合作。2012～2013 年中俄通过互办"旅游年"，举办各类活动 200 余项，增进民众之间的相互了解和传统友谊，起到了很好的旅游宣传与推介作用。2012 年 6 月，中俄签署《中华人民共和国国家旅游局和俄罗斯联邦旅游署关于进一步扩大旅游合作的谅解备忘录》，旨在抓住"旅游年"的有利契机，进一步加强双方在旅游投资、信息共享、市场推广方面的合作。2015 年 6 月，中俄在湖南举办"红色旅游合作交流系列活动"并签署《中华人民共和国国家旅游局与俄罗斯联邦旅游署关于 2015—2017 年红色旅游合作的谅解备忘录》，明确两国红色旅游的机制体制、内容形式与发展前景等。在俄中全面战略协作伙伴关系快速向前发展的背景下，两国领导人将 2018～2019 年确定为中俄地方合作交流年，不断推动双边合作向更广更深领域拓展。

国际旅游业具有易受全球政治经济因素影响的不确定性特征，同时也具有在经济衰退与地缘政治不稳定时期的相对持续性以及衰退后快速复苏的弹性。当前，全球新冠疫情、俄乌战争、欧美对俄制裁均对俄罗斯旅游及中俄旅游合作造成巨大影响，需要两国加强对话，综合分析外部环境的利弊因素，在互惠互利、共同发展的原则下共同解决未来旅游合作中的问题与挑战。为应对此轮衰退后的旅游复苏，在中俄旅游合作大环境下，本书侧重中俄海洋旅游合作提出以下建议：①提升中俄沟通效率，强化旅游需求调研。加强俄语、历史与旅游领域的专业人才培养，建立跨境信息交流平台，全面解读俄旅游政策法规、行政结构与管理权限、市场需求、服务标准、文化偏好以及市场监管与维权途径等，为促进有关项目的推广实施奠定基础。②深化边境地区跨境旅游合作，增强周边辐射带动能力。积极推进中俄旅游项目跨境合作，在打造边境口岸旅游带的基础上，联合开发远东地区与东北地区精品旅游线路，共同提升旅游服务质量；合作共建图们江三角洲国际旅游合作区，积极引进国内外知名旅游企业参与海洋旅游产品开发和运营，联合开发界江、滨海、山地、草原、温泉、冰雪、边境等区域特色旅游线路，全面打造具有图们江区域地区特色的旅游产品体系；发挥我国边境省份或城市对俄交流的前沿优势，为我国其他地区开展对俄旅游合作搭建平台，促进我国三亚、大连、青岛、宁波、厦门等滨海城市与俄远东地区符拉迪沃斯托克、纳霍德卡等沿海城市的旅游合作。③谋划开发高端北极生态游。近年来，北极旅游路线越发受到中国游客欢迎。未来，需进一步抢抓"冰上丝绸之路"重大机遇，积极与俄有关方面对接，开发挖掘北极生态旅游资源，打造精品北极旅游线路，建立北极旅游高端品牌。④合作开展河海联动跨国邮轮旅游。在与俄方合作探讨合理可行的复航计划，稳步推动邮轮业市场复苏振兴的基础上，充分发挥我国东北地区与俄罗斯远东地区河海资源优势，开辟图们江生态游、俄朝滨海跨国游、环日本海邮轮游等多种旅游项目和河海联动常态化邮轮旅游线路，推进形成邮轮国内国际双循环发展新格局。⑤增强中俄跨境旅游合作的政策与技术支持。继续做好中俄旅游政策合作，持续推进签证便利化，协调俄方给予经扎鲁比诺等城市转往中国的旅客 72 小时过境免签待遇；制定适用两国旅游市场的制度规范，强化旅游市场监管和游客安全保障力度；借助区块链、虚拟现实、人工智能等新兴技术，提升签证、通关、接待等方面自动化、智能化水平，提升中俄旅游合作的服务效率。

（五）中俄海洋渔业合作

俄罗斯渔业资源十分丰富，其远东地区面临的西北太平洋海域是世界四大渔场之一，生态环境良好，生物资源种类繁多，具有俄罗斯各经济区最好的渔业原材料基础，发展潜力巨大。中俄政府一直高度重视双方渔业合作，1988 年 10 月，中国和苏联在莫斯科签订了《中苏渔业合作协定》，拟就捕捞、养殖、渔船修理、水产品加工与贸易等方面开展全面合作。为推进该协定实施，1989 年 1 月，我国农业部与苏联渔业部在北京举办中苏渔业合作混合委员会第一次会议。此后，渔业合作混合委员会会议常态化举办，2022 年 4 月，中俄渔业合作混合委员会第 30 次会议以视频会议形式召开，就渔业联合执法、水生生物资源养护、中国在西白令海俄罗斯专属经济区内捕捞配额、打击非法水产品贸易等进行了磋商。此外，2006 年 3 月，两国元首签署《中华人民共和国和俄罗斯联邦联合声明》，指出双方将扩大海产品深加工合作。2019 年，《中华人民共和国和俄罗斯联邦关于发展新时代全面战略协作伙伴关系的联合声明》提出，扩大并提升中俄农业合作水平，深化农业投资合作。可以说两国海洋渔业交往不断加深，渔业合作日趋紧密。当前，中国正在实施一系列渔业高质量发展计划，走高效、安全、生态现代渔业道路，这与俄罗斯 2030 年前渔业综合体发展战略目标是契合的。中俄两国应充分利用各自优势与合作支持政策，加强在海洋捕捞、海水养殖、水产品加工及贸易流通等方面的全链条深度合作，促进两国渔业经济高质量共同发展。

（1）深化海洋捕捞合作。按照俄方给予我国的在其专属经济区的捕捞配额与作业条件要求开展跨境捕捞作业。严格执行《中华人民共和国政府和俄罗斯联邦政府关于黑龙江、乌苏里江边境水域合作开展渔业资源保护、调整和增殖的议定书》《中华人民共和国政府和俄罗斯联邦政府关于预防、阻止和消除非法、不报告和不管制捕捞海洋生物资源的合作协定》等双边渔业协定，持续开展专项执法行动或中俄边境水域渔政联合检查活动，加大边境水域渔政管理力度，重点打击电鱼、越界捕捞等违法行为；引导鼓励我国远洋渔业企业以俄有关港口为基地，合作建设远洋渔业综合服务补给基地，发展面向西北太平洋的远洋渔业；发挥我国船舶制造业产能优势，与俄罗斯开展渔船建造与维修方面的合作，为俄罗斯渔船升级改造提供必要支持；此外，加强中俄边境水域水生生物资源养护，继续合作开展鲟科鱼类增殖放流等活动。

（2）加强海水养殖技术合作。依托俄近海丰富海域资源与我国相对成熟的海水养殖技术、资金与管理优势，发展跨境水产养殖，重点支持我国在滨海边疆区、哈巴罗夫斯克边疆区等远东地区实施的水产养殖综合体项目，并围绕特色主导品种，推进水产养殖标准化对接工作；探索开展海洋牧场开发建设合作，可借助我国海洋牧场建设技术与经验，在俄远东海域合作建立资源养护型现代海洋牧场示范区，开展海洋牧场开发模式与经营管理、人工渔礁建设、鱼类—贝类—藻类海域生态复合利用等方面的深入合作，共建现代化健康养殖系统。

（3）扩大海产品深加工合作。开展境外海产品加工基地建设合作，重点支持斯拉维扬卡港水产品加工基地建设项目。鼓励我国大型海产食品企业、冷链仓储企业赴俄采取合资、合作等形式，兴办渔业生产加工联合企业，既可以充分利用俄方渔业政策与资源多方面优势，也有利于延伸建立集生产、加工、储运、销售的一体化运作的产业链条。我国珲春等城市可依托俄罗斯渔业资源优势，探索形成国外取材、国内加工、国内外销售的发展模式。加大财政对水产品精深加工业的扶持力度，积极引进国内外有实力的大型海产品加工企业，并促进落地加工产业集群化发展，大力研发深加工水产品，在开发优质罐装食品、鱼粉、海产干品、海产冻品、调味食品的基础上，逐步向高端美容食品、营养保健品方向延伸发展。

（4）强化海产品流通合作。进一步协调解决中俄互市贸易区海产品捕捞证核销问题，提高海产品通关效率；合作构建现代化冷链物流体系，建设超低温冷链物流项目，提升海产品跨境冷链储藏运输能力和国内外市场竞争力；建设珲春东北亚海产品国际加工集散基地，并进一步建立面向国内各大城市的分销网络，逐步扩大市场交易规模；合作开展海产品跨境电商和智慧金融，编制海产品价格指数，建设面向西北太平洋的智能化海产品交割交易中心。

本章参考文献

郭培清. 2021. 俄罗斯北方航道的战略价值及面临的挑战. 人民论坛, (13): 106-109.

国际船舶网. 2019. 俄罗斯政府: 红星造船厂将于 2024 年投入使用. https://www.eworldship.com/html/2019/Shipyards_0709/150876. html[2022-04-15].

国际石油贸易. 2020. 俄罗斯能源业 2019 年发展状况解析. https://zhuanlan.zhihu.com/p/145457545 [2022-03-25].

河北师范大学俄罗斯远东研究中心. 2020. 远东最受瞩目的项目之一动工: 西布尔开始建设阿穆尔天然气化工综合体. https://io.hebtu.edu.cn/elsyjzx/a/2020/08/19/6F872B2F6E2C4462A57 F461E61CDE2C6. html[2022-04-15].

李富兵, 申雪, 李龙飞, 等. 2022. 俄乌冲突对中俄油气合作的影响. 中国矿业, 31(8):8-15.

李洋. 2020. 国际新形势下中国同俄罗斯经济合作的成功与困境. 东北亚经济研究, 4(2): 86-96.

李永昌. 2020. 李永昌: 我国天然气对外依存度的走向和上限. https://www.sohu.com/a/405311013_ 158724[2022-04-15].

刘超男. 2021. 中国东北地区与俄罗斯远东地区经济合作的影响因素及前景研究. 北京印刷学院学报, 29(2): 41-46.

刘宇. 2017. 俄罗斯民用船舶核动力装置发展现状与前景研究. 全球科技经济瞭望, 32(7): 70-76.

彭书涵. 2021. 俄罗斯参与东北亚区域经济合作的机遇与挑战. 对外经贸, (5): 13-15.

曲文轶, 杨雯晶. 2021. 俄罗斯自贸伙伴的选择逻辑. 俄罗斯研究, (6): 115-139.

人民网. 2020. 《中国油气产业发展分析与展望报告蓝皮书(2019-2020)》发布. http://ccnews. people.com.cn/GB/n1/2020/0330/c141677-31654268. html[2022-04-15].

商务部. 2018. 中俄在俄罗斯远东地区合作发展规划(2018-2024 年). http://images.mofcom.gov.cn/oys/202011/20201112171704288. pdf[2022-04-13].

尚月, 张也. 2021. 俄罗斯海洋战略新动向. 国际研究参考, (12): 1-6.

申程, 张琦. 2016. 俄罗斯油气开发中的船舶海工市场机遇. 中国船检, (7): 94-98.

孙淼. 2022. 批评话语分析视角下俄罗斯能源战略嬗变及其对中俄能源合作的启示. 中国石油大学学报(社会科学版), 38(1): 36-43.

外交部. 2022. 俄罗斯国家概况. https://www.mfa.gov.cn/web/gjhdq_676201/gj_676203/oz_678770/1206_679110/1206x0_679112/[2022-12-12].

万青松. 2020. 2021 年的俄罗斯外交: 再平衡中的新调适. 俄罗斯研究, (1): 164-192.

王超, 刘嘉慧. 2021. 俄罗斯与东北亚五国贸易特征及中国的战略选择. 欧亚经济, (2): 40-65, 125-126.

王京齐, 杨卫东. 2005. 俄罗斯造船业发展概况及其前景. 船海工程, (5): 73-76.

王楠楠. 2014. 浅谈俄罗斯旅游. 黑龙江科学, 5(12): 150, 149.

王茜, 李励年, 熊敏思, 等. 2017. 俄罗斯渔业现状及发展趋势. 渔业信息与战略, 32(4): 302-306.

王四海, 孙运宝. 2010. 俄罗斯海洋大陆架油气资源现状与潜力探析. 海洋科学, 34(8): 92-98.

王智辉. 2013-10-18. 俄罗斯希冀造船业"站"起来. 中国船舶报, (3).

肖辉忠. 2021. 中央-地方关系视角下的俄罗斯远东政策. 俄罗斯东欧中亚研究, (4): 116-142, 165-166.

徐曼. 2021. 俄罗斯北极开发及其效应研究. 长春: 吉林大学.

薛锁锁. 2019. 俄罗斯转向东方的动向及前景. 西伯利亚研究, 46(6): 31-36.

伊万诺瓦·叶莲娜. 2016. 俄罗斯远东与中国东北地区经贸合作研究. 哈尔滨: 黑龙江大学.

佚名. 2013. 俄罗斯希冀造船业"站"起来. 中国产业经济动态, (20): 3.

殷常明. 2020. 《俄罗斯 2025 服务出口发展战略》翻译实践报告. 乌鲁木齐: 新疆大学.

殷新宇. 2021-01-08. 跨境设施建设提速, 经贸往来更加密切, 中俄"东北-远东"合作展现活力. 人民日报, (3).

Lezhavskaia Mariia(列兹哪夫斯卡亚·玛丽亚). 2021. 俄罗斯对中国能源出口贸易问题及对策研究. 沈阳: 辽宁大学.

Librero Ru. 2012. 5 морских бассейнов(五大海盆). https://www.muzel.ru/article/morflot/mortra/5_morckih_bacceinov. htm[2022-03-16].

Б. КАБАКОВ. 2021. Б. КАБАКОВ: СУДОСТРОЕНИЕ РОССИИ-РЕАЛИИ И ПЕРСПЕКТИВЫ (B. KABAKOV: 俄罗斯的造船业——现实与前景). https://marine.org.ru/publication/smi/10420/?sphrase_id=129342[2022-04-08].

B. В. Путин. 2012. О наших экономических задачах(关于我们的经济目标). http://archive. premier. gov. ru/events/news/17888/[2022-04-22].

Правительство Российской Федерации(俄罗斯联邦政府). 2014. Постановление Правительства РФ от 15 апреля 2014 г. N 314 " Об утверждении государственной программы " (俄罗斯联邦政府 2014 年 4 月 15 日第 314 号法令"关于批准俄罗斯联邦发展渔业综合体国家计划"). http://ivo.garant.ru/#/document/70644222/paragraph/1555216: 0[2022-03-21].

Правительство Российской Федерации(俄罗斯联邦政府). 2018. Общие вопросы энергетической политики: некоторые показатели 2017 года(一般能源政策问题: 2017 年指标选定). http://government.ru/info/32050/[2022-03-25].

Правительство Российской Федерации(俄罗斯联邦政府). 2019a. Утверждена Стратегия развития рыбохозяйственного комплекса до 2030 года(制定《2030 年俄罗斯联邦渔业综合体发展战略》). http://government.ru/docs/38448/[2022-03-21].

Правительство Российской Федерации(俄罗斯联邦政府). 2019b. Стратегия развития судостроительной промышленности на период до 2035 года(2035 年前俄联邦造船业发展战略). http://ivo.garant.ru/#/document/72931068/[2022-03-26].

Правительство Российской Федерации(俄罗斯联邦政府). 2021. мероприятий по реализации Энергетической стратегии Российской Федерации на период до 2035 года(实施俄罗斯联邦 2035 年前能源战略的措施). http://static.government.ru/media/files/c4ZlB2md1LbbPadMD LAAAmcFKkKxr4lA. pdf[2022-03-26].

Правительство Российской Федерации(俄罗斯联邦政府). 2022. Александр Новак: В России один из самых чистых энергобалансов в мире(亚历山大·诺瓦克: 俄罗斯拥有世界上最清洁的能源平衡之一). http://government.ru/news/44339/[2022-04-08].

Российской Федерации МОРСКАЯ КОЛЛЕГИЯ при Правительстве(俄罗斯联邦政府海洋委员会). 2015. Морская доктрина Российской Федерации(2015)[俄罗斯联邦海洋学说(2015)]. https://marine.org.ru/structure/nes/[2022-03-16].

Российской Федерации МОРСКАЯ КОЛЛЕГИЯ при Правительстве(俄罗斯联邦政府海洋委员

会). 2020. Морская политика России № 32(俄罗斯海事政策第 32 号). https://marine.org.ru/publication/russian-maritime-policy/8569/[2022-03-16].

Российской Федерации МОРСКАЯ КОЛЛЕГИЯ при Правительстве(俄罗斯联邦政府海洋委员会). 2022a. История создания Морской коллегии(海洋委员会的成立). https://marine.org.ru/about/history/[2022-03-16].

Российской Федерации МОРСКАЯ КОЛЛЕГИЯ при Правительстве(俄罗斯联邦政府海洋委员会). 2022b. Персональный состав Морской коллегии(海洋委员会成员). https://marine.org.ru/structure/person/[2022-03-16].

Российской Федерации МОРСКАЯ КОЛЛЕГИЯ при Правительстве(俄罗斯联邦政府海洋委员会). 2022c. Научно-экспертный совет (НЭС)(海洋委员会科学和专家委员会(NES)). https://marine. org. ru/structure/nes/[2022-03-16].

Российской Федерации МОРСКАЯ КОЛЛЕГИЯ при Правительстве(俄罗斯联邦政府海洋委员会). 2022d. В Минвостокразвития считают, что грузооборот по СМП за пять лет может увеличиться впятеро(远东发展部认为, 北海沿线货物周转量 5 年可翻 5 倍). https://marine. org. ru/events/sudostroenie/11708/[2022-03-19].

Федеральная служба государственной статистики(俄罗斯联邦统计局). 2014. ОБ УТВЕРЖДЕНИИ ГОСУДАРСТВЕННОЙ ПРОГРАММЫ РОССИЙСКОЙ ФЕДЕРАЦИИ " РАЗВИТИЕ РЫБОХОЗЯЙСТВЕННОГО КОМПЛЕКСА " (俄罗斯联邦批准 "渔业综合体发展" 的决议). https://rosstat.gov.ru/storage/mediabank/post314-2014. pdf[2022-03-20].

Федеральная служба государственной статистики(俄罗斯联邦统计局). 2021. Цели устойчивого развития в Российской Федерации, 2021 год(2021 年俄罗斯联邦的可持续发展目标). https://rosstat.gov.ru/sdg/report/document/69771[2022-03-20].

Федеральноеагентствопорыболовству(Росрыболовство)(俄罗斯联邦渔业署). 2021. Результаты реализации государственной программы(《2030 年俄罗斯联邦渔业综合体发展战略》执行结果). https://fish.gov.ru/otraslevaya-deyatelnost/ekonomika-otrasli/gosprogramma-razvitiya-rybohozyajstvennogo-kompleksa/[2022-03-22].

Федеральное агентство по туризму (Ростуризм)(俄罗斯联邦旅游局). 2018. Арктика как территория и туристическое направление(北极领地以及北极旅游). https://tourism.gov.ru/contents/turism_v_rossii/turizm-v-arktike[2022-04-10].

Федеральное агентство по туризму (Ростуризм)(俄罗斯联邦旅游局). 2019a. Стратегия развития туризма в Российской Федерации в период до 2035 года(2035 年俄罗斯联邦旅游发展战略). https://tourism.gov.ru/contents/documenty/strategii/strategiya-razvitiya-turizma-v-rossiyskoy-federatsii-v-period-do-2035-goda[2022-04-08].

Федеральное агентство по туризму (Ростуризм)(俄罗斯联邦旅游局). 2019b. Концепция развития круизного туризма до 2024. pdf(到 2024 年游轮旅游业的发展). https://tourism.gov.ru/contents/documenty/kontseptsii/kontseptsiya- razvitiya-kruiznogo-turizma/[2022-04-10].

Федеральное агентство по туризму (Ростуризм)(俄罗斯联邦旅游局). 2021. Концепция развития яхтенного туризма в Российской Федерации на период до 2030 года(2030 年俄罗斯联邦邮轮旅游发展理念). https://tourism.gov.ru/contents/documenty/kontseptsii/kontseptsiya-razvitiya-yakhtennogo-turizma/[2022-04-11].